부산을
맛보다

두 번째 이야기

부산을 맛보다 두 번째 이야기

초판 1쇄 발행 2016년 11월 7일
    3쇄 발행 2017년 6월 23일

지은이 박나리 박종호
펴낸이 강수걸
편집장 권경옥
편집 정선재 윤은미
디자인 권문경
펴낸곳 산지니
등록 2005년 2월 7일 제333-3370000251002005000001호
주소 부산시 해운대구 수영강변대로 140 BCC 613호
전화 051-504-7070 | 팩스 051-507-7543
홈페이지 www.sanzinibook.com
전자우편 sanzini@sanzinibook.com
블로그 http://sanzinibook.tistory.com

ISBN 978-89-6545-381-9-13980

* 책값은 뒤표지에 있습니다.
* 이 도서의 국립중앙도서관 출판예정도서목록(CIP)은 서지정보유통지원시스템
홈페이지(http://seoji.nl.go.kr)와 국가자료공동목록시스템(http://www.nl.go.kr/
kolisnet)에서 이용하실 수 있습니다. (CIP제어번호: CIP2016025388)

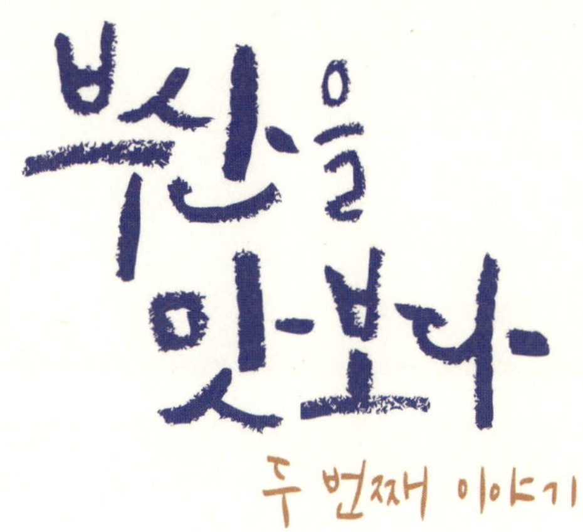

부산을 맛보다

두 번째 이야기

박나리 · 박종호 지음

산지니

서문

“엄마한테 갈래.”

지난여름에 독일을 여행하며 명물 과자를 사러 한 가게에 들어갔을 때였습니다. 가게 안 어디선가 작지만 분명 낯익은 한국말이 들렸습니다. 하지만 주위를 둘러봐도 한국 사람은 없었습니다. 잘못 들었나? 잠시 뒤 이번에는 두 사람이 나누는 한국말이 들렸습니다. 세 번째가 돼서야 정체를 알아차렸습니다. 외모만 보면 100% 서양인인 꼬마와 아빠였습니다. 꼬마의 한국어 발음은 정확했고 아빠는 좀 서툴렀습니다. 아이의 엄마가 한국인이고, 또 아마도 그 가족은 한국에서 왔겠지요. 여행에서 돌아와 오랜만에 한식을 배부르게 먹으며 행복해하다 그날 일을 떠올리고는 깨달았습니다. 우리는 모국(母國)의 모습을 하나는 한국어로, 또 다른 하나는 한국 음식으로 체험하고 있다는 사실을….

2011년에 『부산을 맛보다』가 출간된 뒤 5년 만에 두 번째 이야기가 나오게 되었습니다. 『부산을 맛보다』는 2012년에 일본에서 『釜山を食べよう』로 번역 출간되기도 했습니다.

그동안 참 많은 변화가 있었습니다. 맛집에 관한 정보는 차고 넘치는 시대가 되었습니다. 인터넷을 넘어 모바일의 시대, 사람들은 신문과 책 대신에 스마트폰으로 SNS를 하는 시대입니다. 이런 시대에 맛집 책을 낸다는 게 무슨 의미가 있을까요?

거기에 대한 답은 큐레이션(curation)이 될 듯합니다. 저희가 큐레이터(curator)가 되어 넘쳐나는 맛집 정보의 홍수 속에서 콘텐츠를 고른 뒤 스토리를 입히고 새로운 가치를 부여했습니다.

부산 사람의 입맛은 다른 지방과 구별되는 취향이 있습니다. 몇 가지만 예를 들어볼까요. 부산에서 순대를 시키면 막장과 소금이 함께 제공되고 개인의 취향에 따라 선택해서 먹습니다. 특이한 향이 나는 방아는 우리나라 어디서든 자라지만 유독 부산에서 사랑을 받습니다. 부산 사람이 비싸도 간짜장을 먹는 이유는 짜장면 위에 올려주는 달걀 후라이 때문입니다. 부산을 제외한 어느 지역에서도 간짜장에 달걀 후라이는 나오지 않아 부산 사람은 참 서운합니다.

지금 뜨는 부산의 대표 음식에는 밀면과 돼지국밥이 있습니다. 사실 이 두 메뉴는 동네마다 맛집들이 있어 어디가 가장 맛있다고 하기가 어렵습니다. 대신 이 책에 나온 집들의 스타일과 분위기를 보고 자신에게 맞는 집에 가라고 권합니다.

신조어 가운데 트렌드가 잘 드러나는 '취존'이란 말이 있습니다. '취향 존중'을 줄인 단어입니다. 서로의 취향이 있고, 취향 존중을 해주어야 행복해질 수 있다고 생각합니다.

부산뿐만 아니라 각지의 음식이 프랜차이즈화의 영향으로 갈수록 닮아간다는 점이 걱정스럽습니다. 각 지역의 지역성이 살아나야 우리 사회가 다양해질 텐데 말입니다.

부산에는 넓은 바다와 높은 산, 그리고 잔잔한 강도 있습니다. 부산 사람들은 이런 부산의 자연과 닮았고, 이런 자연에서 나온 음식은 또 사람과 닮았습니다. 부산의 자연을 배경으로 부산 사람과 부산 음식이 나오는 '트립 투 부산' 같은 영화가 보고 싶어집니다.

메뉴별 맛집

부산시 지도

일러두기
이 책에 실린 정보는 2017년 6월 기준이며, 메뉴나 가격이 달라질 수 있습니다.

지역별 맛집

해운대구

비프앤피쉬

"제가 잘 대접해드리고 싶은
분이 부산에 오셨습니다.
바닷가 근처에서 해산물 요리가
나오는 집을 찾습니다.
와인도 한잔할 만큼 분위기도
갖추면서도 '부산다운 집'이
없을까요?"

그는 김 대표로 변신해 반갑게 맞이한다. 우선 '오늘의 생선' 후보들이 유유히 헤엄치는 수조, 오직 맛있어지겠다는 일념으로 묵언 수행 중인 소가 든 숙성고가 먼저 눈에 띈다.

식전 빵으로 바게트를 내왔는데 안초비 소스를 같이 가져왔다. 올리브유 덕분에 짠맛이 조금 덜할 줄은 알았지만 이렇게 상큼한 맛이 날 줄은 몰랐다. 기장산 멸치로 담근 안초비로 기분 좋게 스타트한다.

Primo(시작): 미포 입구에 자리 잡은 '비프앤피쉬(Beef&Fish)'의 김상민 대표는 부산을 대표하는 레스토랑 엘올리브에서 매니저로 일할 때부터 알았다. 손님을 편하고 즐겁게 해주는 재능이 있었다.

Mezzo(중간): '오늘의 해산물'은 그날의 물 좋은 해산물로 보통 3가지가 나온다. 개불, 가리비, 굴이 꽃단장해서 나왔다. 그런데 초장인 듯 초장이 아닌 칠리 드레싱이었다. 자연산 가리비는 입에 착착 붙

바다 튀김 1만4000원, 소고기 양파 스튜
2인 1만5000원, 오늘의 해산물 1만5000
원, 모둠 조개 스파게티 1인 1만7000원,
꽃게 로제 스파게티 1만8000원, 피오렌
티나 스테이크 100g 9900원
영업시간 12:00~22:00
(브레이크 타임 15:00~17:00)
부산 해운대구 달맞이길62번길 8
051-746-6224

는다. 화이트비네거와 과일로 마리네이드한 덕분
이었다. 이어서 새우 군 등장이다. 머리 쪽은 구웠
고 몸통은 생으로 홀딱 깠다. 이렇게 나오니 해산
물 귀한 줄 알겠다.

미포에서 통발로 잡은 통문어찜에 소고기 양파 스
튜를 곁들였다. 문어에서 느껴지는 이 고급스러운
불향, 숯 중에서도 고급인 흑탄을 사용한 덕분이다.
소고기 양파 스튜는 진한 사골 국물 베이스에 양파
와 치즈가 들었다. 입에 착착 달라붙는 감칠맛이다.

이탈리안 레스토랑에서 스파게티가 빠질 수 없다.
특별한 모둠 조개 스파게티와 꽃게 로제 스파게티
가 대기 중이다. 모둠 조개 스파게티에는 명지산
갈미조개와 동죽이 정말 수북하게 들었다.

꽃게 로제 스파게티에는 꽃게 향이 아주 강하다.
서해산 꽃게를 듬뿍 삶아 가루로 만든 소스가 베이
스가 되었다. 미포 바다에 살다 그물에 잘못 딸려
온 작은 게를 스파게티에 같이 넣었다. 파스타 면
과 함께 작은 게들이 부서진다.

Principale(메인): 비프앤피쉬는 드라이에이징한
고기로 이탈리아 피렌체식인 '피오렌티나 스테이
크'를 낸다. 피오렌티나 스테이크는 크고 두툼한 티
본 스테이크를 2~3명이 함께 나눠 먹는 방식이다.
T자 뼈를 중심으로 부드러운 육질을 원한다면 안
심, 고소하고 씹히는 맛을 원한다면 등심 쪽을 먹
으면 된다.

우리는 미디엄으로 주문했다. 풍미는 분명 웰던인
데 속에는 레어가 주는 고기 특유의 맛까지 낼 정
도로 잘 구웠다. 흑탄 숯에 구워 향을 고기 속에 가
두면서도 프라이팬에 구운 느낌이 난다. 더덕, 토마
토, 가지 등 좋아하는 채소를 선택하면 숯에다 구
워준다.

Uomo(사람): 사람이 음식을 만들고 사람이 서빙한
다. 김 대표의 아이디어를 이지권 셰프가 구현하고
있다. 김 대표와는 군 훈련소 시절부터 친구 사이다.
여기서 "직원 나와!" 하고 외치면 덩치 큰 이(지권)
셰프가 자기를 부르는 줄 알고 나오니 요주의.

레플랑시

송정 바닷가에 문을 연 한 레스토랑에 마음을 뺏겼다. 미슐 랭 1~3 스타 레스토랑을 두루 거친 벽안의 프랑스인 프랑크 라마슈 셰프와 박주연 대표 부부가 운영하는 '레플랑시(Les Planches)'다.

점심 세트 2만5000원,
저녁 세트 3만5000원부터
영업시간 주중 11:30~22:00,
주말 11:00~22:30
(브레이크 타임 15:00~17:30,
월요일 휴무)
부산 해운대구 송정구덕포길
144(송정동) 051-704-2216

레플랑시는 바게트를 직접 구워 파리의 맛이 난다. 하우스와 인이 화이트 4종, 레드 4종이나 되는 점도 마음에 들었다. 반 병짜리 와인 '카라프(carraf)'는 가격도 1만 9500~2만 7000 원이라 크게 부담되지 않는다.

훈제 연어 샐러드에서는 연어 특유의 냄새가 나지 않는다. 프 랑크 셰프가 특별한(?) 나무를 따로 사다가 훈제할 정도로 정 성을 들인 덕분이다.

도미 구이에 토마토 소스는 생선 싫어하는 사람까지 좋아하 게 만든다. 라따뚜이! 여러 가지 채소와 허브를 넣고 올리브 유에 볶아서 만드는 이 음식은 프랑스 가정에서 즐기는 국민 요리다.

'레드 와인 소스 소고기 블레이드'가 나왔다. 소고기 부채살 (낙엽살)을 와인에 절여 조린 요리다. 프랑스에서 스테이크는 외식보다 직접 해먹는 요리란다.

프랑크 셰프는 "프랑스 요리에는 굉장히 기술이 많이 들어가 지만 레플랑시는 편안하게 즐기는 공간으로 만들고 싶다"는 바람을 이야기한다.

해운대옥탑

미포가 시작되는 곳. 회센터 건물 옥상 '해운대옥탑'. 캠핑 의자와 테이블이 보인다. 여기서 모든 일에 신나하는 두 남자 손재영 대표와 신동엽 이사를 만났다. 흥겨운 분위기는 이 두 남자로부터 시작되는 모양이다. "재미가 없으면 그 무엇도 하지 않겠다"고 말하다니….

옥탑샐러드 1만2000원, 피시 앤 칩스 1만4000원, 해물꽃게라면(2인) 1만4000원, 옥탑 바비큐 세트 3만2000원

영업시간 월~금요일 17:00~01:00, 토~일요일 12:00~01:00.

부산 해운대구 달맞이길62번길 28 4층(중동) 051-747-8484

둘은 고민만 하다 정리가 되지 않은 상태로 가게를 열었다. 지금도 조금씩 공사는 계속된다. 주변에서는 "미포의 가우디냐?"라고 놀린다. 손님 입장에서는 나쁠 게 없다. 매번 다른 분위기의 해운대옥탑을 만날 수 있으니 말이다.

멋진 경치에 맥주 1병은 가볍게 넘어간다. 분위기만 믿고 음식을 소홀히 하지는 않으니 오해는 마시라. 바비큐는 참나무 장작을 이용해서 훈제를 한다.

기다리던 '옥탑 바비큐'가 먼저 나왔다. 삼겹살, 목살, 새우, 채소가 잘 구워져 있다. 그릴 자국이 선명해 보기도 좋고 맛도 있어 보인다. 불향이 식욕을 돋우어준다. 육즙을 잘 지킨채 고기도 연하다. 된장 소스를 곁들이니 젓가락이 신이 난다.

피시 앤 칩스를 와인으로 만든 식초에 곁들였다. 캠핑을 왔는데 우렁이각시가 음식을 차려주는 기분이다.

마무리로는 '해물꽃게라면'을 시켰다. 커다란 꽃게가 냄비 안에 자리를 잡았다. 시원한 국물에 꽉 찬 꽃게살을 발라 넣어 먹으니 최고다.

미포끝집

미포에 도착해 차 두 대가 겨우 지나갈 만한 길을 따라 끝까지 들어가면 '미포 끝집'이 나온다. 편안하게 앉을 수 있는 방도 좋지만, 자갈이 깔린 앞마당에 앉았다. 한참 줄을 서야 겨우 앉을 수 있는 자리다. 바로 옆에는 바다다. 해가 지는 붉은색 하늘을 찍어서 올렸더니 어디냐는 질문이 이어진다.

조개구이·장어구이 4만원, 생우럭구이 3만원, 전복 구이(국내산) 6만원, 모둠구이 8만원, 모둠회 6만원, 해물라면 6000원
영업시간 11:00~02:00
부산 해운대구 달맞이길62번길 77(중동) 051-746-5511

회 자체가 싱싱해서 달콤한 맛이 난다. 그날 들어온 물 좋은 생선을 사용한다는 설명이다.

밤바다의 바람이 차다는 핑계로 '모둠구이'를 시켰다. 장어, 조개, 전복이 커다란 접시 위에 함께 나왔다. 조개는 익기가 무섭게 사라진다. 장어구이에서 모두의 엄지가 올라갔다. 장어를 살짝 구워 양념을 발라 한 번 더 구웠는데 이 양념이 일품이다.

음악보다 더 좋은 파도 소리와 함께 밤이 깊어갔다. 맛있는 음식을 함께 나누다 보니 속 깊은 서로의 이야기도 나온다.

라면 생각이 나서 해물라면을 주문했다. 라면과 함께 배추김치가 나왔다. 김치 빛깔이 다르다. 일 년 치 김치를 담가 가게 뒤편에 묻은 장독에 넣어둔 것이다. 평범한 라면을 맛있는 김치가 특별하게 만들어주었다.

황준 대표는 미포마을에서 태어났고, 앞으로도 여기서 계속 살 작정이란다. 해운대는 많이 변할 것이다. 하지만 오늘의 이 맛은 세월이 지나도 변하지 않았으면 좋겠다.

서고집 안동갈비

해운대 로데오 아울렛 맞은편에 단정한 글씨체로 '서고집 안동갈비'라는 상호가 붙었다. 청결함, 그리고 좋은 재료에 대한 고집으로 평소 '서 고집'으로 불리는 서희주 대표가 운영하는 곳이다.

안동갈비 120g 1만5000원, 생갈비 120g 1만5000원, 안창살 100g 2만2000원, 된장찌개 3000원
영업시간 17:00~1:00
(첫째 일요일 휴무)
부산 해운대구 좌동순환로 480
051-731-1089

자리를 잡고 얼마 되지 않아 작은 가게 안은 손님들로 꽉 찼다. 생갈비를 먼저 굽기 시작했다. 화력이 좋아 앞뒷면이 빠르게 익었다. 육즙이 빠져나가지 않아 고소함이 살아있다.

안동갈비는 생갈비를 즉석에서 간 마늘 양념에 버무려 내어 준다. 잘 익은 고기 위에 털어내었던 마늘을 조금 올린다. 고기 열기로 마늘이 살짝 익는다. 마늘 향이 스며 맛이 더 좋아진 고기가 굽기가 무섭게 불판에서 사라진다.

된장찌개로 식사를 마무리하기로 했다. 직접 담근 된장으로 끓인 된장찌개는 밥은 물론 술과 함께해도 잘 어울린다. 자작하게 끓여진 된장은 끝 맛이 달지 않고 입에 착 붙는다. 고기 맛에 빠져 잠시 잊고 있었던 반찬도 대접을 받는다. 메추리알 장조림과 오징어채 무침, 배추 겉절이, 젓갈 등 밥 먹기에 딱 좋은 것들이다.

'서 고집'은 된장에 밥을 말아줄까 물었다. 그 맛이 또 궁금하다. 밥 때문에 된장의 짠맛이 잡혀서 좋다. 비벼 먹는 것과는 또 다른 맛이 있다.

된장을 그릇에 적당히 덜어내니 고기가 가득 들었다. 자투리 고기를 된장에 아낌없이 넣어준다.

달맞이 포차

바닷가재님이 '포차'와 결합했으니 황태자와 평민의 러브스토리가 따로 없다. 달맞이언덕 입구에 자리 잡은 '달맞이 포차'는 윤나미 셰프와 언니 채은 씨가 하는 가게다.

코스 2인(1.9kg) 14만원, 3인(2.85kg) 21만원, 4인(3.8kg) 28만원
영업시간 점심 12:00~15:00, 저녁 17:00~23:00
부산 해운대구 달맞이길 중동 1516-4 달맞이언덕 입구 051-747-7472

윤 셰프가 바닷가재를 들고 와 "바닷가재 살의 뒤쪽은 회, 앞쪽은 찜·탕에 사용하겠습니다"라고 말한다.

먼저 토마토와 채소 샐러드가 나왔다. 한쪽은 발사믹 식초, 다른 쪽은 바질로 맛을 냈다. 바다 내음 가득한 멍게와 해초 몰을 넣고 만든 '멍게몰전'도 함께다. 두 번째 코스는 바닷가재 찜이다. 빨간 껍질과 녹색 내장이 의외로 조화롭다.

다음은 치즈 구이와 칠리 구이 반반. 치즈 구이가 아주 맛있다. 네 번째 코스가 튀김인데 닭 다리는 저리 가라다. 이렇게 호사로운 맥주 안주는 없다.

윤 셰프는 외할머니에서 어머니로 대를 이어 내려오는 족발 집의 셋째 딸(어머니 5남매는 모두 다 족발 장사를 한다). 일본 유학을 다녀와 한 레스토랑에서 일하다 단골에게 스카우트 제의를 받아 이란대사관 관저 요리사가 되었다. 이후 뉴욕 총영사관 수석 셰프가 되어 반기문 총장 재취임식 행사도 치렀다. 마무리는 라면이 든 시원한 바닷가재탕이다.

달타이

달맞이언덕의 태국 음식점 '달타이(DAL THAI)'. 촌스러운 간판만 보고 실망하기에는 이르다. 몇 년 전 같은 장소에 베트남 음식점 '더 포'를 열어 쌀국수 바람을 일으켰던 이지용 대표가 컴백해 만든 작품이라 신뢰가 간다.

쏨땀(샐러드) 1만1000원, 똠얌꿍 1만5000원, 팟타이(볶음면) 1만3000원, 카우팟 팟타오 탈레(매운 볶음밥) 1만3000원, 뿌빳퐁커리(게가 든 카레) 2만8000원
영업시간 12:00~23:00
부산 해운대구 달맞이길 193(중동)
051-741-1122

달맞이언덕을 향해 열린 공간에 감각적인 인테리어로 분위기가 훈훈하다.

태국식 고추장과 해산물을 넣어 매콤하게 볶은 볶음밥인 '카우팟 팟타오 탈레'나 달콤, 새콤, 고소함이 조화를 이룬 볶음면 '팟타이'는 우리 입맛에 아주 잘 맞는다. 세상의 맛난 음식에는 공통 분모가 있는 게 아닐까.

뿌빳퐁커리는 소프트 크랩이 든 노란 커리이다. 커리를 뒤집어쓴 게가 맛나다. 밥을 올려 게 몸통을 오독오독 씹는 재미는 말로 다 설명 못 한다.

똠얌꿍! 레몬그라스는 시큼한 맛을 담당하고, 고수는 수프의 향을 돋워준다. 똠얌꿍 윗부분에 하얗게 떠 있는 카네이션 밀크 덕분에 묵직하게 진한 맛이 우러난다. 피시 소스는 뇌쇄적인 중독성이 있다.

이 대표는 "태국 음식은 향신료에 대한 편견을 깨는 것이 관건이다"고 말한다. 실제로 태국 음식은 한두 번 먹어 길들면 금세 매료되고 만다. 아직 젊은 우리, 편견을 깨어볼까.

티하우스

7가지 코스 5만원, 8가지 코스 8만
원, '보리굴비, 말차' 3만8000원,
'런치 박스' 3만8000원
영업시간 12:00~15:00,
18:00~22:00(일요일 휴무)
부산 해운대 해변로298번길 5 3층
051-747-4471

'티하우스'의 탄생은 16년 전으로 거슬러 올라간다. 이숙희 대표가 한옥을 짓는 인테리어 사무실로 사용하다 다시 문을 열었다. 이 대표가 30년간 모은 그릇과 작품들로 장식했다. 동·서양의 그릇이 어우러져 품위 있는 공간 분위기를 만들어내고 있다. 자리마다 깨끗한 식탁보까지 인상적이다. 공간이 사람을 조용하게 만들어주는 것일까. 식사하는 사람들의 목소리가 옆 테이블로 새어나가지 않는다.

'보리굴비, 말차'와 '런치박스'를 주문했다. 주문한 음식이 나무 쟁반에 담겨 나왔다. 식판이 이렇게 기품이 있을 수 있다니! 나무 쟁반 위에는 음식 색상에 맞추어 작가가 만든 청자와 백자 그릇이 놓였다. 보리굴비와 말차는 백자에 담겨 나왔다. 말차의 초록색이 하얀 백자에 담기니 보기에도 시원하다. 보리굴비는 레드와인에 담가 숙성을 시켜 붉은색이 돈다. 비린내와 짠맛을 그렇게 잡았다. 밥을 말차에 말아 짭조름한 보리굴비 한 점을 올려서 먹었다. 입맛이 없는 여름철 별미를 찾는다면 딱이다.

런치박스는 청자에 담겨서 나왔다. 더덕구이, 두부 밤 조림, 채끝등심이 예쁘게 담겼다. 양배추 김치와 푹 끓여낸 미역국까지 함께 나오니 선물 꾸러미 같다. 정갈함과 정성이 대번에 느껴진다.

이 대표는 "새로운 음식 문화를 보여주고 싶다. 좋은 재료는 기본이고 도자기 그릇에 담아 먹는 것에 정성을 들이고 싶었다"고 한다.

미타키

달맞이언덕에 자리 잡은 '미타키'에서 바다를 내려다보았다. 이날따라 짙은 안개에 뒤덮여 넓은 호수같이 보였다.

철판구이 세트 7만8000원, 12만원, 15만원
영업시간 점심 11:30~15:00
저녁 17:30~22:00
부산 해운대구 중동 1502-8 JS빌딩
4~5층 051-731-2283

'미타키' 부산점은 일본 히로시마에 본사를 둔 70년 전통의 '미타키소(三瀧莊)'가 첫 해외 진출지로 부산에 개점한 정통 일식 레스토랑이다.

미타키의 가이세키(懷石) 요리는 벌써 꽤 알려졌는데 뒤늦게 시작한 5층의 철판구이는 과연 어떨까 궁금해 찾아갔다.

미타키의 홈페이지에는 미타키소가 일본의 전통적인 건축 양식과 유럽적인 요소를 융합해 고풍스럽다고 소개했다. 미타키 부산점 역시 비슷한 취향이 느껴졌다. 테라스에는 자쿠지(물에서 기포가 생기게 만든 욕조)가 바다를 향하고 있었다.

가장 인기 많은 7만 8000원짜리 타쿠미(匠) 세트를 주문하고 장인의 손길을 기다렸다. '자왕무시'라고 부르는 계란찜으로 시작이다. 부드럽고, 따끈하고, 촉촉한 맛이 속을 어루만져준다. 계절 선어 3종 모둠으로 갑오징어, 광어, 참치가 나왔다. 갑오징어의 식감은 역시 갑이었다.

철판구이 최고의 매력은 역시나 요리사의 불쇼. 미타키는 이렇게 보는 맛이 좋다. 랍스타그릴구이는 물론 맛까지 좋았다.

아삭한 채소 구이를 거쳐 메인인 한우 안심 스테이크에 이르렀다. 암염과 와사비, 일본 된장, 간장 베이스의 색다른 소스까지 나왔다. 소고기를 3~4가지 맛으로 즐기라고 나온 점이 인상적이었다. 고기에 와사비나 된장·간장의 맛을 더해도 상당히 괜찮았다.

강릉 송정 해변 막국수

메밀 물 막국수 7000원, 메밀 비빔 막국수 7000원, 수육 2만원.
영업시간 11:00~21:00
(브레이크 타임 15:00~16:00, 둘째 일요일 휴무)
부산 해운대구 좌동순환로446번길 15-6(중동) 051-746-0402

모두 번호표를 손에 꼭 쥔 채 태양을 피하고 있다. 가게가 그리 크지 않고 '맛집'이라고 소문이 나서 늘 이런 풍경이다.

간판에는 '강릉 송정 해변 막국수'라고 적혀 있다. 송정은 본점이 있는 강릉의 지명. 체인점이 아니라 박해순·임호근 씨 부부가 가족끼리 운영하는 음식점이다.

지루한 대기 시간이 지나고 자리에 앉아 막국수와 수육을 시켰다. '메밀 물 막국수'가 나왔다. 육수가 궁금해 먼저 맛을 보니 심심한 듯, 하지만 깊은 맛이 난다. 직접 손으로 반죽한다는 메밀면도 너무 투박하지 않고 적당히 부드럽다. 함께 시킨 돼지고기 수육은 그냥 보기에도 윤기가 흐른다. 수육을 찍어 먹는 장이 따로 나오지는 않는다. 더덕, 마늘, 고추, 셀러리가 고추장 양념에 버무려져 나왔다. 고기 한 점을 맛본 일행은 "비계 부위가 마치 치즈 같다. 뭐가 이리 고소하고 쫀득하냐"며 감탄을 한다.

가게는 오후 3시에서 4시까지는 잠시 쉰다. 솥에 메밀 면을 넣고 삶아내다 보면 전분 때문에 물이 뻑뻑해진다. 그 물을 버리고 다시 끓이는 데 시간이 걸려 그렇게 한다.

손님이 많아 힘들기도 하고 좋기도 하다는 이 부부는 "처음 힘들었던 때를 잊지 않고 열심히 하겠다"며 웃는다. 당분간은 맛있는 막국수를 찾아 헤매지 않아도 될 듯해서 좋다.

예이제

'예이제'가 기존 건물 맞은편 푸르지오시티 2층으로 이전하며 모던한 분위기로 바뀌었다. 부산을 대표하는 한식 파인다이닝 레스토랑이 되겠다는 다짐은 기물에서도 엿보인다. 방짜 유기, 맞춤 그릇, 고가의 주물 냄비까지 세심하게 신경을 썼다.

점심 코스 1만9000~3만9000원, 저녁 코스 4만9000~12만원
영업시간 점심 12:00~15:00, 저녁 18:00~22:00.
부산 해운대구 달맞이길 16-16 푸르지오시티 2층 051-731-1100

여기서 밥을 먹으면 대접받는 기분이 느껴진다. 채식주의자 코스(3만 9000원)와 그릇 세팅에 더욱 신경을 쓴 상견례 점심 코스(3만 5000~5만 5000원)까지 세심하게 구성했다.

유자에 버무린 메밀 싹 샐러드는 설렘을 선사해주었다. 잡채(雜菜)가 금빛 찬란한 유기에 담겨 나오니 왠지 '잡채'라 부르기조차 미안해졌다. 산양 산삼과 동충하초가 같이 나왔다. 앙증맞게 작은 항아리에는 참기름과 꿀을 찍어 먹으라고 담았다. '1능이 2송이'라더니 자연산 송이 위에 얹은 능이버섯 구이도 나왔다.

생선회도 모양을 내니 수채화 같다. 갈비찜이 맛있는 거야 그렇다 치고 한식집에서 회까지 이렇게 맛있어도 될까. 전복 조림 아래에는 솔잎, 낙지호롱구이 옆에는 자갈이 깔려 한국화가 그려졌다.

이날 밥은 한지 띠를 두른 보리굴비 구이와 함께 날아올랐다. 짭조름한 보리굴비를 밥숟가락 위에 올리니 기가 막혔다.

권상금 대표는 "재료가 좋으면 조미료를 안 써도 맛있다. 가지 하나라도 제일 좋은 것을 사서 식구들 밥을 하듯이 음식을 만들고 있다"고 말했다.

레스토랑 MINI

"미니 레스토랑은 규모가 작아서 미니일까?" 그건 아니고 자동차 MINI에서 모티브를 땄다. MINI 독일 본사에서 공식적으로 인정한 브랜드 콘셉트의 레스토랑이다.

잉글리시 브런치 1만5000원, 해산물 스파게티 2만3000원
영업시간 10:00~22:00
(브레이크 타임 15:30~17:00)
부산 해운대구 해운대해변로265번길 5(우동) 051-744-6600

피시 앤 칩스와 해산물 스파게티를 주문했다. 음식이 나오기 전에 식전 빵과 버터가 나왔다. 빵은 쫄깃한 식감에 고소하다. 해산물 스파게티는 눈으로 보기에도 해산물이 푸짐하게 들어가 기분이 좋아졌다.

파스타 면에 토마토소스를 듬뿍 묻혀 맛을 보았다. 토마토의 상큼함이 소스에 그대로 배어 있다. 정말 맛이 있어서 토마토소스의 정체가 궁금해졌다. 김정호 셰프는 "한국에서 이탈리아산 토마토를 직접 재배하는 곳을 찾았다"며 재료에 대한 자부심을 드러낸다. 다른 재료도 직접 산지를 찾아가 구한다고 했다.

피시 앤 칩스도 생대구를 튀겨냈다. 어른 손바닥만 한 크기로 2개가 나온다. 바삭하면서도 생선살의 부드러움이 그대로 살아 있다. 함께 나온 식초 소스는 튀김의 느끼함을 잡아주고 감칠맛은 더해준다. 요리가 이렇게 맛이 있으니 자꾸만 맥주가 당긴다.

전체적으로 간이 세거나 인공적인 향을 사용하지 않아서 좋다. 레스토랑의 분위기도 조용하고 직원의 서비스가 섬세하다. 해운대 바다를 바라보며 느긋한 식사를 하고 싶다면 '레스토랑 MINI'로 가보자. 오전 10시에서 오후 1시까지는 브런치 메뉴도 가능하다.

집밥 예찬

사골곰탕의 국물은 우유처럼 뽀얗다. 잡내가 나지 않아 가족들도 잘 먹는 모습이 보기만 해도 배가 불렀다. 사골곰탕은 시간과 노력이 만만찮게 들어서 제대로 끓이기는 쉽지 않은데. 사골, 물, 불과 시간만으로 이런 맛이 나긴 쉽지 않은데.

한우 사골곰탕 1만원, 쇠고기 국밥 8000원, 나주식 곰탕 9000원, 김치찌개·미역국 각 7000원, 한우 사골곰탕 2인분 포장 1만5000원
영업시간 11:00~21:00
(일요일 휴무)
부산 해운대구 마린시티3로 1 선프라자 208호(우동)
051-959-9113

최강영 대표는 곰탕과 쇠고기국밥에 꽂혀 10년 전부터 전국을 다녔다. 하지만 별로였다. 2년여 전 '그러면 내가 한번 만들어볼까' 하며 '집밥예찬'을 차렸다. 그의 기준은 고향인 경남 거제에서 어머니가 끓여주시던 곰탕과 국밥이었다. 아예 식당 위층을 임대해 곰탕 전용 조리실로 따로 만들었다. 높은 온도와 쾌적한 식당 환경을 위해서였다. 재료는 거세한 한우 수소 사골 가운데 무릎 위 다리뼈만 쓴다. 수소는 암소보다 뼈가 튼튼해 국물이 진하게 우러나온다.

곰탕을 끓이는 과정이 궁금하다고 했더니 거리낌 없이 설명해준다. "흐르는 물에 뼈를 담가 12시간 이상 피를 뺍니다. 피를 덜 뺀 채 오래 고면 국물 색깔이 검붉어지기 때문입니다. 300인분 곰솥에 뼈를 넣고 9시간 동안 푹 고웁니다. 위에 뜨는 기름을 1차로 걷어내고, 식히면서 기름층과 국물을 분리해 국물만 받습니다. 이렇게 3차례 우려낸 국물을 섞어 곰탕으로 씁니다." 한 번 끓이기 시작하면 3번째 국물이 나올 때까지 멈출 수가 없단다. 사골이 식은 채로 오래 두면 상하기 때문이다. 피 빼고 끓이는 시간만 40시간이 걸린다.

담백하고도 아주 구수했던 국물, 집으로 돌아가는 길에서도 입안에 구수한 향이 계속 맴돌았다. 양짓살로 국물을 내는 나주식 곰탕도 맛봤다. 멸치 어간장으로 간을 한 맑은 국물이 입에 착 달라붙었다. 단골들은 택배 주문도 많이 한단다.

논골집

달 밝은 해운대의 밤에 우리는 족발을 뜯으며 "말 달리자!"를 부르고 있었다. 다음 날 술이 깨서 지인에게 가장 먼저 물었던 것은 어제 먹었던 족발집 전화번호였다. '논골집'과는 그렇게 인연이 되었다. 논골집을 안다면 어쩌면 당신도 좀 놀아본(?) 사람이 틀림없다.

족발 대 4만원, 중 3만5000원,
소 3만원, 고추장 불고기 2만원
영업시간 17:00~02:00
(일요일 24:00까지)
부산 해운대구 해운대해변로209번
가길 3(우동) 051-746-6212

논골집은 테이블이 3개뿐이라 자리를 잡은 날은 왠지 횡재한 것 같다. '족발은 뼈째로 뜯어야 제맛!'이라고 생각한다면 단연코 이 집이다. 일행 3명이 가서 발이 5개가 들어간 대짜를 시켰다.

논골집은 앞발만 사용해서 족발을 만든다. 그러다 보니 뼈에 붙은 콜라겐이 많은 껍질이 대부분이다. 살코기를 더 원한다면 다른 집으로 발길을 돌리시라. 여기 족발은 체면을 차리면서 먹기는 힘들다. 손으로 잡고 뜯어 먹는 수렵의 맛을 제대로 느낄 수 있다.

따뜻하게 나온 족발은 부드럽게 입안에서 녹는다. 조금 먹다가 족발이 식으면 쫀득해지는 식감을 느낄 수 있다. 혹시 느끼하다면 고추장 불고기를 시켜서 같이 먹어보자. 매콤한 돼지 불고기와 존득한 족발이 기가 막히게 잘 어울린다.

족발 색이 진하지만 캐러멜을 쓰는 것은 아니다. 좋은 간장을 쓰고 그 간장만으로 색을 낸다.

누나 둘이 주방을 보고 남동생인 이현우 대표가 홀 서빙과 배달을 담당한다. 누나들이 족발을 삶아서 기름을 제거하고 깨끗이 씻어서 건조해둔다.

죽림소반

정식 8000원, 강황 잡곡밥정식
9000원, 연잎밥 정식 1만원, 약선
찹쌀 해물 파전 1만5000원
영업시간 11:30~22:00
(브레이크 타임 15:30~17:30, 일요
일 휴무)
부산 해운대구 마린시티2로 2 마린
파크 20층(우동) 051-731-2774

좋은 음식을 잘 먹으면 몸에 보약이 된다. 이런 음식을 편하게 먹을 수 있는 곳이 어디 없을까.

'죽림소반' 김대현 대표는 모든 요리에 헛개나무, 초피나무, 삼백초 등의 약초를 배합해 만든 물을 사용한다. 채소를 씻고, 국을 끓이고, 밥을 지을 때도 이 물을 쓴다. 그에게 요리에서 제일 중요한 물을 신경 쓰는 것은 너무도 당연한 일이다. 음식에 사용되는 장은 직접 담그고, 간수를 뺀 소금은 다시 정제한다.

정식은 밥의 종류만 고르면 된다. 백미, 강황이 들어간 잡곡밥, 연잎으로 감싼 잡곡밥 이렇게 세 가지다. 밥은 갓 지어 바로 떠준다.

먼저 검은색 무광 그릇에 반찬을 내놓는다. 그릇이 화려하지 않으니 반찬이 빛이 난다. 각 식재료의 맛을 살리는 조리법 말고 특별한 것은 없다. 잘 구워진 가자미는 레몬 소스가 들어간 양념장이 올려져 있다. 먹는 동안 생선의 비린 맛 없이 상큼함이 입안에 맴돈다. 김치는 샐러드에 가깝도록 만들어져 아삭하다.

이곳은 음식도 좋지만 가게에 들어서면 풍경이 먼저 마음을 움직인다. 해운대 바다가 보이는 건물의 제일 높은 층에 자리 잡고 있어 그렇다. 저 멀리 광안대교와 오륙도가 보인다. 빌딩이 대나무 숲처럼 서 있는 이곳에서 건강한 밥상을 받으니 그 느낌이 그대로 전해진다.

시골한우 시골돼지

꽃고기(흑생오겹살) 600g 7만원,
한우 특수부위 100g 3만3000원,
김치찌개 점심식사 7000원(월~금
12:00~14:00)
영업시간 12:00~24:00
부산 해운대구 우동 1435 벽산e오
렌지프라자 122호 051-746-7784

분명히 자주 먹던 돼지고기인데도 왠지 낯선 고기 같았다. 꽃 피는 봄이 되니 이 도령이 춘향이 생각하듯이 자꾸 그 고기 생각이 떠올랐다. 그래서 해운대 '꽃고기' 전문점 '시골한우 시골돼지'를 다시 찾았다.

한우 특수부위는 1+ 이상의 소고기만 사용한다. 마블링도 괜찮고 맛도 고소해서 좋다. 그래도 마음은 해운대 꽃고기로 향한다.

두툼한 제주도 흑돼지 고기가 5분의 4 정도까지 빗살무늬로 칼집이 깊숙하게, 아주 너덜너덜할 정도로 들어갔다. 이일해 대표가 칼집을 내는 모습을 보여준다. 실로 놀라운 스피드이다. 이 대표는 "고기는 칼맛이고, 칼집은 스피드가 관건이다. 순식간에 근육의 결을 끊어버려야 한다"고 말한다. 숙성한 뒤 칼집을 넣고 다시 숙성을 시킨다. 칼이 들어간 자리에는 산소가 들어가 더 숙성이 잘된다. 천천히 썰면 손의 온기에 고기가 녹아서 빨리 해치워야 하는 것이다.

해운대 꽃고기는 식감이 부드러운면서도 톡톡 튀고 육즙도 많다. 남해 젓갈을 가져와 비린 맛을 없애고 짜지 않게 가공을 해서 비법 액젓을 만들었다.

이 대표는 아주 유쾌한 캐릭터이다. 사훈을 '고기는 나의 자존심이다'로 정하고 유니폼에도 새겼다. '고기계의 에르메스'를 꿈꾼다나. 그는 고기의 맛이 100점이라면 흑돼지라 40점, 숙성 20점, 칼맛이 40점이라고 했다.

조교수 포차

깜깜해진 해운대 골목, 등대처럼 노랗게 불 밝힌 한 곳이 눈에 띈다. 돌게탕으로 이름을 알리고 있는 '조교수 포차'다.

돌게탕 3만원, 오뎅탕 1만5000원, 스팸후라이 1만5000원, 고래고기 5만원
영업시간 18:00~06:00
부산 해운대구 해운대해변로209번길 26(우동) 051-741-3345

전수빈 대표는 돌게탕을 테이블 위에 올리며 "오늘 들어온 돌게는 크기가 조금 작다. 대신에 마릿수를 많이 넣었다"고 말한다. 애써 변명하지 않아도 크기에 상관없이 언제나 양이 많다.

돌게 집게발은 먹기 좋게 미리 깨서 나온다. 껍데기 사이로 꽉 찬 살이 모습을 드러낸다. 게가 많이 들어 국물은 아주 진하다. 달짝지근한 돌게 특유의 향에 코를 박는다. 돌게탕 하나에 든 돌게 살로 둘이 배가 부를 정도다.

함께 나온 메추리알 조림, 호박 볶음, 진미채 볶음도 밥과 함께 놀자고 소리를 친다. 매일 저녁밥을 먹기 위해 오는 손님도 꽤 있다.

'스팸 후라이'는 스팸구이와 달걀부침에 파무침이 나온다. 그만 못 견딜 정도로 밥 생각이 났다. 주방에 시간이 생기자 '이모님'이 매운 반찬 하나를 우리 테이블로 가져다준다. 함께 온 지인이 매운 음식을 좋아하는 것을 기억했다.

전 대표는 서빙과 장보기 담당이다. 매일 자갈치 시장으로 장을 보러 간다. 그는 "화학조미료를 쓰면 느끼하고 속이 편하지 않다. 그래서 채소, 사골, 멸치 등이 든 여러 육수를 만들어 사용한다. 그냥 물만 넣고 만드는 것은 하나도 없다"며 자신 있는 표정이다. 늦도록 술 마신 속이 조금이라도 편하길 바라는 마음이다.

酒216

장소는 화려한 마린시티 속 혼자만 퇴락한 건물 해운대 선프라자. 실망은 이르다. 반전의 문이 열리니까. '酒216'에 들어서는 순간 와야 할 곳에 왔다는 느낌이 들었다. 실내는 원목 테이블에 도자기와 나무 물고기로 장식되어 한식 레스토랑의 느낌이 났다.

문어샐러드 3만5000원, 장어깻잎조림 3만5000원, 오뎅스지전골 2만5000원, 생밤튀김 2만원, 금정산막걸리 5000원, 복순도가막걸리 2만원

영업시간 18:00~01:00
(일요일 휴무)

부산 해운대구 마린시티3로 1 선프라자 216호(우동) 051-746-2008

소주, 맥주, 와인도 취급하지만 막걸리가 어울린다. 먼저 문어샐러드부터 시켜 맛을 보았다. 샐러드는 백, 적, 녹색의 조화가 인상적이었다. 막걸리는 '복순도가파'와 '금정산파'로 갈린다. 둘은 체급이 다르니 대결은 의미가 없다.

금방 녹두를 갈아서 만든 빈대떡에서는 신선한 맛이 났다. 이런 후레쉬한 빈대떡, 처음이다. 장어깻잎조림은 아주 좋았다. 장어와 가지가 12가지 재료가 든 소스에 몸을 맡기고 널브러졌다. 마리아주를 생각하고 만든 음식이다.

오뎅스지전골에는 진짜 맛있는 오뎅을 넣었다. 마지막에 맛본 '생밤튀김'! 밤은 달처럼, 소금은 별처럼 빛났다.

이숙희 대표는 "식자재가 차지하는 비중이 너무 높아 이익을 못 남긴다. 하지만 낮은 임대료의 선프라자이기에 가능하다"고 설명한다.

'酒216'에 오면 전망이 좋아서, 다음으로 음식이 좋아 두 번 놀란다. 매일 아침 이 대표가 미포에 가서 직접 장을 본 덕분이다. 진짜 어른들의 놀이터는 이런 곳이구나….

다온한정식

상대방의 식성을 잘 모르는 상태에서는 한정식이 좋다. 해운대 다온한정식은 주말에는 60%가 상견례 손님이란다. 홀이 없는 대신 방만 11개. 시끄럽기 마련인 피로연은 피한다. 그래서인지 어르신 생신 잔치도 많이 열리고, 스님들도 즐겨 찾는다.

점심특선 1만7000원, 알천상 2만8000원, 달오름상 3만9000원, 해오름상 5만5000원
영업시간 11:30~15:00,
17:30~21:30
부산 해운대구 해운대해변로 154 마리나센타 8층(우동) 051-959-0119

예약하고 나타나지 않는 '노 쇼(No Show)'가 사회문제화되고 있다. 다온은 주말에 5명 이상일 경우 예약금을 받는다. 메뉴도 사전 주문받는다. 최병기 대표는 그렇게 해야 제대로 된 요리가 나간다고 생각한다. 업주는 제대로 준비하고, 손님은 제값 내고 제대로 먹는 음식을 만들고 싶어 한다.

'달오름상(3만 9000원)'이 가격 대비 구성이 괜찮아서 잘 나간다. 구성이 궁금해 '해오름상(5만 5천 원)'을 시켰다. 죽, 샐러드, 구절판, 더덕오색말이, 수삼을 비롯해 전채 요리가 쫙 깔린다. 목이, 표고, 팽이버섯을 새콤한 소스에 찍어 먹는 버섯초회가 모양도 맛도 좋았다. 처음 보는 바나나김말이튀김은 아주 특색이 있었다. 한방갈비찜과 LA갈비구이가 따로 나오는 구성도 괜찮았다. 생선회도 맛있다. 식사는 대통밥과 함께 반찬 5가지가 나온다. 모양을 내기보다는 좋은 재료를 쓰려고 애쓰는 노력이 느껴졌다. 점심특선은 아주 실속 있다. 10%도 남지 않는 마진, 광고비로 생각한단다.

정남매 밥집

달콤 불백 정식·매콤 불백 정식·
생오징어 덮밥 7000원
영업시간 11:30~19:30
(브레이크 타임 15:00~17:00,
일요일 휴무)
부산 해운대구 세실로 64 화목 데파
트 상가 지하 1층 144호(좌동)
051-703-8420

도시철도 장산역 2번 출구로 나가기 전에 지하에서 연결된 왼쪽 통로에 '화목 데파트 상가 입구'라고 적혀 있다. 호기심이 생겨 둘러보다 '정남매 밥집'이라는 이름에 끌렸다. 카페처럼 아기자기하게 꾸며놓은 실내도 마음에 들었다.

'달콤 불백 정식'을 주문했다. '혼밥'을 먹기에 좋은 곳이라 그런지 혼자 오는 손님이 많았다. 건너편 주방이 멀지 않아서 요리하는 모습이 보인다. 프라이팬이 불 위에서 돌아가는 소리가 난다. 곧 불 향이 나는 돼지 불고기와 상추 샐러드, 반숙으로 익혀진 달걀부침이 올라간 밥이 나왔다.

돼지고기의 간이 딱 좋았다. 함께 나온 상추 샐러드와 고기를 함께 먹으니 쌈을 싸 먹는 것처럼 괜찮다. 반찬의 가짓수는 밥을 맛있게 먹기에 적당했다.

정남매 밥집은 가게 이름처럼 남매가 함께 운영 중이다. 오빠인 정태수 씨가 요리를, 동생인 루비 씨가 서빙을 담당한다.

음식은 기본이고 그날 날씨와 어울리는 음악을 고르는 데도 신경을 쓴다. 식사하는 동안 분위기 있는 재즈는 마음을 편안하게 해주었다.

가게 자랑을 해달라고 하니 웃으며 "냉동실이 없다"고 한다. 재료를 오랫동안 묵히고 싶지 않고, 그날 사용할 분량만큼만 만들어서 팔려고 그렇게 한다.

대도식당

서울에서 이름난 전국구 맛집을 부산에서 만날 수 있다. 50년 전통 한우등심구이를 자랑하는 서울 왕십리 출신 '대도식당' 이야기다.

한우 생등심 오리지널컷 180g 3만 9000원, 된장죽 4000원
점심특선-한우 생등심 해운대컷 120g 2만6000원, 한우함박 1만 5000원, 등심국밥 1만2000원
영업시간 11:00~22:00
부산 해운대구 동백로 52(우동)
051-726-8801

한우 생등심 오리지널컷 180g을 시키면 살치, 새우살, 알등심의 기름을 제거한 후 좋은 부위를 일정한 비율로 맞춘 등심을 맛볼 수 있다. 좋은 고기를 누구나 평등하게 먹을 수 있어야 '등심(等心)'이다.

고기가 나오자 무쇠주물 철판 팬을 두태기름(콩팥 옆에 붙은 기름)으로 먼저 닦은 뒤, 대파로 다시 닦는다. 박지만 대표는 "다른 잡내가 없어지고 고기에 풍미를 더해준다"고 말한다. 박 대표는 거기다 "무쇠주물 철판과 전기 인덕션을 함께 사용해 고기가 일정한 온도로 구워져 더 맛있게 먹을 수 있다"고 비결을 말해준다. 함께 나온 양배추를 고추장에 찍었다. 등심의 고소함과 묘하게 잘 어울린다.

고기를 다 먹고 나니 깍두기 볶음밥이 궁금해진다. 깍두기를 육향이 밴 철판에 올려 국물이 약간 졸아들 때까지 익히다가 밥을 넣는다. 그리고 제철 채소를 곁들여 볶으면 완성된다. 깍두기의 아삭함이 살아 있다! 새콤달콤한 김치 국물에 볶은 밥은 감칠맛이 난다. 밥을 다 먹고 나서는 2차로 어디를 갈까 고민할 필요가 없다. 커피, 아이스크림, 맥주까지 '더베이 101' 안에서 만사 해결된다. 여기 아이스크림은 얼마나 달콤하고 부드러운지 모르겠다.

안채

미래도시 같은 느낌의 해운대 센텀시티다. 하지만 현재는 물론이고 미래에도 사람이 캡슐만 먹고 살 것이라고 생각할 수는 없다. 세계 최대의 백화점이 있는 센텀시티지만 맘에 드는 밥 먹을 장소를 찾기는 쉽지 않다.

추어탕 1만원, 들깨추어탕 1만1000원, 황태진국 9000원, 치즈돈까스 8000원
영업시간 07:30~21:00
부산 해운대구 센텀3로 26 센텀스퀘어(우동) 051-622-2800

벡스코 바로 앞 건물에서 한식당 '안채'를 발견했다. 깔끔한 실내 인테리어에 오픈 키친이라 조리하는 모습이 훤하게 보여 마음이 놓인다. 한식당이지만 치즈돈까스 같은 메뉴가 있어 아이들과 함께라도 괜찮겠다.

황태진국과 들깨추어탕을 시키고 기다렸다. 놋수저가 예쁜 수저 싸개에 담겨나오니 대접받는 기분이다. 상추, 양배추 등 쌈채소와 10여 개의 기본 반찬이 정갈하다. 게다가 하나도 빠질 게 없이 맛이 있다. 간장, 고추장, 된장 등 식재료가 전국 어느 명인이 만들었는지 표시해둬 신뢰가 간다.

황태진국! 뽀얀 국물이 어떻게 이렇게 깊은 맛을 낼까. 이 가게만의 비법으로 만들어진 양념이 들어간단다. 어젯밤 술이라도 한잔했다면 정말 잘 온 것이다. 황태는 경북 예천에서 직접 공수해온다. 역시 예천에서 가져온 미꾸라지를 듬뿍 넣어 만든 추어탕도 진한 국물 맛을 낸다. 곽근호 이사는 "식재료비의 음식 원가 비율이 40% 이상일 정도로 최상의 재료를 사용한다. 밑반찬도 주문 즉시 즉석에서 조리해 신선한 맛을 유지하고 있다"고 말했다. 도심에서 시골의 건강식을 먹는 기분이다. 음식에 대한 정성 덕분에 믿음이 가는 집이다.

좌동 기장곰장어

좌동 기장곰장어는 좌동시장 안쪽에 있어 알고 찾아오는 단골이 대부분이다. 이 집 단골 한 분은 "여기선 예전 시청 옆 영도다리 근처에서 먹던 곰장어 맛이 난다"고 말했다. 허름했지만 고소하고 달콤했던 맛.

각자의 취향대로 소금구이와 양념구이 두 가지로 시켰다. 주문과 동시에 살아 있는 곰장어를 바로 잡는다. 한 테이블에서는 소금구이, 다른 테이블에선 양념구이가 동시에 익어갔다. "빨간 고기 먹을래, 하얀 고기 먹을래…." 조금 잔인하다는 생각은 맛을 보는 순간 은하계 밖으로 사라지고 말았다.

곰장어가 어느 정도 익으면 이정훈 대표의 현란한 손놀림을 볼 수 있다. 알루미늄 포일의 끝을 잡고 펄럭이면서 몇 번 왔다 갔다 한다. 곰장어가 알아서 뒤집히고 채소와 섞인다. 보는 재미가 더해지니 감동이 두 배다. 소금구이와 양념구이가 다 익자 포일을 접어서 반반으로 올려준다. 부추는 느끼할 수도 있는 곰장어 맛을 잡아주는 역할을 한다.

볶음밥도 시켰다. 다시 손이 공중에서 날아다닌다. 마치 짧은 마술을 보는 것 같다. 국물이 끝내주는 시래깃국은 볶음밥과 하모니를 이룬다

이 대표는 좋은 국산 곰장어를 구해 오는 일을 제일 중요하게 생각한다. 곰장어의 신선도 유지를 위해 수조 물도 매일 갈아준다.

곰장어를 제외하고는 좌동시장에서 장을 본다. 가격이 조금 비쌀지도 모르지만, 시장에서 장사를 하는 만큼 같이 잘되었으면 하는 마음에서다.

양념구이·소금구이·불곰장어
대 5만원, 중 4만원, 소 3만원,
볶음밥 2000원
영업시간 12:00~01:00
부산 해운대구 좌동로91번길 19(좌동) 051-701-8921

키친동백

키친동백은 처음부터 레스토랑 운영을 위해서 만들어진 곳이 아니라 갤러리였다. 그래서 테이블을 많이 놓을 수 없었다. 대신 조용히 작품을 즐기며 식사를 할 수 있어서 좋다.

런치(오후 3시까지) 스테이크 코스 5만원, 파스타 코스 3만8000원, 해산물 세비체 1만8000원, 해산물 부야베스 1만6000원, 뇨키 크로켓과 단호박 소스 1만8000원
영업시간 11:00~22:00
(브레이크 타임 15:00~17:00)
해운대구 달맞이길117번가길 85(중동) 051-731-0022

3층 창가에 자리를 잡았다. 가로로 긴 창문에는 해운대 바닷가, 동백섬, 마천루가 보인다. 이 풍경이 또 하나의 작품이 된다.

오후 3시까지 런치메뉴를 주문할 수 있다. 파스타 코스와 스테이크 코스를 주문했다. 애피타이저로 이탈리아식 해산물 샐러드가 나왔다. 새우, 전복, 조개관자에 먹물 라이스 칩을 올려서 맛을 보았다. 라임이 들어간 소스의 상큼한 맛이 식욕을 돋운다. 부드러운 당근 수프를 먹고 있으니 마음이 스르르 풀린다.

키친동백의 주방에서는 유럽이나 일본, 싱가포르 등 세계 각국에서 공부하고 온 젊은 셰프 5명이 요리를 한다. 김정호 셰프는 "경험이 부족할 수도 있지만, 열정과 연구하는 자세는 누구에게도 뒤지지 않는다"고 자신 있게 말한다. 계절별로 다양한 요리를 준비 중이라며 기대해달라는 말도 잊지 않았다.

정원에서 야외결혼식을 하고 싶다는 문의가 자주 들어온다. 결혼기념일을 축하하기 위해 예약한 손님도 있었다. 자리에는 생각지도 못했던 커다란 축하 플래카드가 놓여 있었다. 그는 덕분에 멋진 남편이 되었다며 좋아했다. 햇볕을 가리기 위해 쳐놓은 하얀 천이 바람에 날린다. 천천히 흘러가는 구름을 바라보고 있으니 식사를 끝내고 싶지가 않다.

이태리부부

어디선가 바다 냄새가 가득 담긴 바람이 불어온다. 바람을 따라가 보니 '이태리부부'가 자리 잡고 있다. 가게 옆에는 키 큰 소나무가 우거진 공원과 '운촌 마을' 표지석이 서 있다.

비스마르크 1만7000원, 시오리 1만8000원, 칼초네 크림 치즈 샐러드 1만3000원
영업시간 11:30~22:00(브레이크 타임 15:00~17:00, 월요일 휴무)
해운대구 동백로 29(우동)
051-741-3340

가게 문을 열고 들어서니 동그란 안경에 모자를 쓴 귀여운 외모의 남편 정종선 씨, 발랄한 성격의 아내 김혜미 씨가 반갑게 인사를 한다. 요리를 공부하면서 만나 결혼한 젊은 요리사 부부이다.

칼초네 크림치즈 샐러드가 먼저 나왔다. 반달 모양으로 구운 빵을 가위로 자르고 그 속에 채소와 치즈를 넣어서 먹으면 된다. 따뜻한 빵과 신선한 채소, 고소한 치즈가 잘 어울린다. '시오리' 피자는 쫄깃한 빵 위에 루콜라, 바질, 방울토마토, 치즈로 바싹 튀긴 새우튀김이 올라가 있다. '비스마르크' 피자는 반숙 달걀이 올라가 고소하면서도 부드러운 맛이다. '나폴리에 루꼴라' 오일 파스타는 모시조개와 새우가 감칠맛을 더했다.

가게 안에는 앉을 수 있는 자리가 많지 않다. 테이블 3개와 바(bar) 자리가 전부이다. 요리사 부부는 요리할 때 동선을 고려해 먼저 주방을 크게 만들었다. 참나무 장작을 사용하는 화덕도 넣었다. 혜미 씨는 "손님이 앉을 자리는 줄었지만 맛있는 요리를 만들기 위한 어쩔 수 없는 선택이었다"며 웃는다.

고이

로스 카레 8000원, 온김치모밀
6000원, 히레 가스 7500원, 김치
돈가스 덮밥 7000원
영업시간 11:00~22:00
(수요일 휴무)
부산 해운대구 중동1로(중동) 32
051-746-7001

히레 가스가 '바삭' 하고 소리를 내었다. 탄력 있는 식감과 고소한 고기 맛에 놀랐다. 온김치모밀은 감칠맛 넘치는 국물에 아삭한 김치의 조화가 일품이었다. 어떻게 알고 오는지 갈 때마다 외국인 손님도 많았다. 올해로 11년 되었다는 이 집을 왜 여태 몰랐을까. 그건 1년 6개월 전에야 체인점을 접고 '고이' 간판을 달았기 때문이었다. 고이는 '정성을 다하여'라는 뜻을 가진 순우리말이다. 양진숙 대표는 체인 본사가 공급하는 식재료만으로는 음식을 만들 수 없었다고 했다. 돈을 더 줄 테니 제발 좋은 재료를 보내달라고 하소연했지만 그 세계에 예외는 없었다. 결국 체인점 상호는 그대로이면서도 재료 절반 이상을 별도로 사서 쓰는 지경에 이르렀고, 본사도 제지를 못 했다.

돈가스에 제주흑돼지 생고기를 쓰는데 이틀 내에 소진된다. 1인분 고기 양은 140g으로 넉넉하고 두툼하다. 당일 점심때 판매할 고기는 매일 오전에 손질해 튀김옷을 입힌다. 오후 3시부터 90분 동안 손님을 받지 않는데 이때는 저녁 판매용 재료를 한 번 더 만든다.

좋은 식재료에 대한 욕심은 여기서 그치지 않는다. 요리할 때는 정수기로 한 번 걸러 낸 물을 받아 사용한다. 도정한 지 일주일이 지나지 않은 친환경 쌀로 밥을 짓는다.

내년이면 환갑을 맞는다는 사실이 믿기지 않을 만큼 세련된 부부가 정성을 다해 준비하는 밥집이다. 고집스럽고 진득하게, 좋은 음식에만 집중하는 모습이 아름답다.

참새 방앗간

조개찜(중) 3만9000원
영업시간 18:00~01:00(일요일 휴무)
부산 해운대구 달맞이길62번길
50(중동) 051-743-6120

해운대해수욕장 구석의 작은 어촌마을 미포. 방파제 아래에는 작은 어선들이 파도에 부딪히고, 저 너머에는 최첨단 고층빌딩들이 화려한 불빛을 뿜낸다.

조개찜으로 이름난 미포의 '참새 방앗간'을 찾았다. 조개찜이 나오기 전에 찬을 보고 먼저 놀랐다. 때로는 양식, 때로는 한식 차림이 상에 오른다.

정연주 대표는 "폐백 음식을 만드는 어머니의 영향으로 요리를 좋아해서 그런 것 같다"고 말한다. 영업 마감 후에 2시간, 영업 시작 전에도 1~2시간은 꼬박 찬 준비에 쓴단다.

조개찜 냄비에는 조개가 차고 넘친다. 동죽, 모시조개, 가리비, 전복, 새우, 파, 계란, 어묵까지 얽히고설켜 둥그런 공처럼 보인다. 푸짐한 양으로만 따져도 부산서 으뜸이겠다. 8~9종류의 조개가 기본으로 들어간다. 국산을 고집하고, 가짓수도 고집한다.

입구 왼편의 수조에서 바로 가져온 조개, 선도가 좋다. 조개는 건져 먹고, 흥건한 국물은 떠먹는다. 조개찜의 국물은 심심하다고 할 정도로 맑다. 기교를 부리지 않은 그냥 그대로의 조개 맛이다.

조개찜 육수에 수제비를 넣고 끓이니 완전 새로운 요리가 되었다. 배가 불러도 도저히 거부할 수 없는 조개 수제비이다. 잘 익은 김치도 맛있다 했는데, 마침 원산지가 벽에 붙어 있다. 어머니가 딸 생각해 보내온 '의성 엄마표 배추김치'다. 요리 잘하는 딸이지만 김치 담그는 법만은 시집갈 때가 되어야 가르쳐준다고 했단다. 잘생긴(?) 문어 숙회와 노릇한 파전도 안주로 그만이다.

우봉

숙성 등심100g 2만5000원,
갈비살 100g 2만7000원, 안거미
100g 3만원
영업시간 12:00~22:30
(브레이크 타임 15:30~17:00)
부산 해운대구 마린시티1로 155
현대하이페리온 C동(우동)
051-746-9256

문을 열고 들어서자 남자들의 "어~서오세요"라는 합창이 손님을 반긴다. 이호준 대표는 직접 서빙도 하고 고기도 구워준다. 특수부위 구하기가 어렵지 않은지 묻자 "김해 주촌 ○번 경매인 직거래다. 그 경매인이 매형이다"라며 의미심장하게 웃는다.

자리에 앉아 스페셜 모둠 600g을 주문했다. 등심과 갈빗살이 먼저 나왔다. 구운 등심과 갈빗살은 익기가 무섭게 순식간에 사라졌다. 불판이 더러워지자 마치 지우개처럼 자른 무 도막으로 닦아준다. 먹는 음식이라 이 방법이 더 낫지 않을까. 두 번째는 안거미와 안창살이 나왔다. 제비추리가 나오는 날도 있다. 세 가지 중에 그날 좋은 부위 두 가지로 맞춰 나온다. 등심의 진한 맛을 넘어설 수 있을까 우려했는데 육즙 가득한 안거미가 입안에서 살살 녹는다. 마지막에 나오는 육회도 입안에서 사르르 녹아 없어졌다.

같이 나온 물김치와 명이나물을 칭찬하자 "김치 원산지는 대원아파트 ○동 ○호"라고 말한다. 어머니가 사는 곳이다. '우봉(牛峯)'은 최고의 소고기라는 뜻과 돌아가신 아버지의 이름 중 '봉(峯)' 자를 딴 것이다.

나만의 기준을 세워야

아름다운 꽃이 식탁 위에 피었다. 잡으려고 손 내미니 진짜 꽃은 사라지고 까슬까슬한 가짜의 감촉이 느껴진다. 요즘 조화는 워낙 정교하게 만들어 생화와 구별하기가 힘들다. 만져 보기 전에는 잘 모르겠다. 사랑한다는 고백은 달콤하다. 하지만 이 사랑이 진짜인지 가짜인지는 세월이 지나봐야 안다. '고객님 사랑합니다'가 강요된 인사말이지 진심이 아니라는 사실만은 확실하다.

충신과 간신. 충신의 고언(苦言)은 쓸 수밖에 없다. 간신은 감언(甘言)으로 눈을 멀게 한다. 양약(良藥)은 입에 쓰고, 단맛은 몸을 망친다. 충신을 내쫓고 간신을 옆에 끼고돌면 어떻게 되는지 역사는 몸으로 말하고 있다.

맛집에 대한 정보가 차고 넘치는 시대다. 그래서 요즘에는 '진짜 맛집'이라는 말까지 나왔다. 사람들은 자신의 입맛을 믿지 못하고 미식가, 파워블로거, 맛 칼럼니스트에게 의지한다.

뛰어난 이야기꾼인 로알드 달은 한국의 요즘 이런 모습을 예상했을까. 1990년에 그의 대표작을 묶어 나온 '맛'에는 미식가가 등장한다. 유명한 미식가를 초청해서 성대한 잔칫상으로 과시하기 좋아하는 부자가 있었다. 자신이 작은 재주로 돈은 많이 벌지만 사회적으로 별로 대접을 받지 못하는 게 늘 아쉬웠던 모양이다. 와인은 그림, 음악, 책 수집처럼 교양인으로 보이게 하는 취미였다. 그는 집에다 가끔 이 미식가를 불러 와인의 품종과 연도를 알아맞히는 내기를 했다.

하루는 천하의 미식가라고 해도 절대로 모를 새 와인을 꺼낸다. 뜻밖에 미식가가 은근슬쩍 판돈을 키우더니 내기에서 지면 부자의 딸을 자신의 아내로 달라고 요구한다. 조건은 미식가가 가진 집과 별장이다. 절대로 지는 일은 없다고 확신한 부자는 내기를 받아들인다. 딸은 열여덟 살, 미식가는 쉰 정도였다. 미식가는 와인의 연도까지 맞힌다. 불쌍한 처녀의 운명…

반전. 이때 하녀가 안경을 들고 나타난다. 그 안경은 미식가의 것으로 서재에 있었다. 미식가는 예전에 부자의 집에서 와인을 보관하기에 가장 좋은 곳은 서재라고 충고했다. 일찍 도착한 미식가는 서재에서 그 와인의 상표를 미리 보고 온 것이다.

얼마 전 세계 최고의 샴페인이라는 돔 페리뇽을 마실 기회가 있었다. 미국 여배우 메릴린 먼로가 사랑했고 '맛의 달인'과 '신의 물방울'에도 등장하는 와인이다. 생각보다 맛이 평범했다. 마신다고 눈앞에 다른 세상이 펼쳐지지도 않았다.

미디어가 만든 이미지, 권위에 사로잡혀 있었던 것일까. 그동안 다수의 의견과 다르면 내 생각을 말하기 힘들었다. 방송에 나온 맛집이라면 군소리 없이 줄을 서서 기다렸다.

진짜와 가짜를 구분하는 기준은 자신이다. 누가 뭐래도 흔들리지 않는 나만의 기준을 세워야 되지 않을까.

남구·
수영구

심해

남구 용호동 빽빽한 고층 아파트 사이에는 작은 어선들이 정박한 한적한 어촌이 있다. 이색적으로 여겨지는 이곳을 '섶자리'라고 부른다. 해초가 섶처럼 군락을 이뤄 물고기가 많고 잘 잡히는 자리라는 뜻이다. 여기서 일본식 장어구이로 이름을 알리고 있는 '심해(心海)'를 찾았다.

철판구이 2인 4만5000원, 철판정식 1만5000원(15:00까지), 장어탕 1만원, 하모회 2인 7만원, 영덕 홍게 4마리 2만원
영업 시간 11:30~22:00
(2, 4주 월요일 휴무)
부산 남구 분포로 66-15(용호동)
051-611-2939

김욱희 대표가 가게를 시작한 지는 6년이 되었다. 오랫동안 장어 유통을 했지만 요리에 관심이 많았다. 장어를 고르는 안목은 기본이고 좋은 재료를 '착한 가격'에 쓸 수 있으니 장점이 많다.

다양한 장어 요리 가운데 가장 인기가 많은 것은 철판구이다. 장어를 잡아 10시간 이상 숙성시키고 특제 소스를 발라 참숯에 구워냈다. 일본식 데리야키 소스를 기본으로 한국적인 재료를 더해 재해석했다. 장어 뼈를 고아서 육수를 내고 직접 담근 매실 엑기스와 마늘, 생강 등을 넣고 너무 달지 않도록 만들었다.

장어구이가 나오자 시선이 일순간 집중되었다. 달구어진 철판 위에 윤기가 자르르 흐르는 때깔. 맛있는 간장 소스가 숯불을 만나니 달큼한 향이 코를 자극했다. 감칠맛에 반해 먹다 보니 금세 바닥이다. 직접 담근 향긋한 매실주까지 한잔 곁들이니 하루의 피곤함이 가신다.

점심시간이라면 철판 정식을 추천한다. 가격 대비 양이 푸짐하다. 계절 메뉴도 있다. 여름에는 홍게와 하모회가 대표선수다.

귀화식당

모둠 사시미 3만5000원, 청어 사시
미 2만원, 볼락 소금구이 2만원, 함
박스테이크 2만2000원, 스키야키
1만5000원, 오므라이스 8500원
영업시간 17:00~02:00
(일요일 휴무)
부산 남구 분포로 115 A동 111호(용
호동) 051-624-8292

늦은 밤 남구 용호동에서 도깨비불이 번쩍인다. 그 불빛을 따라가니 도깨비불이라는 뜻의 '귀화(鬼火)식당'이 나온다.

인상 좋은 도깨비 김한수 대표가 들어오라고 손짓을 한다. 무엇을 먹어야 할지 고민인가? 그렇다면 장보기에 따라 달라지는 '오늘의 메뉴'를 선택하면 된다. 제철 해산물을 맛볼 수 있으니 좋다.

사시미 세트와 볼락 소금구이를 주문했다. 광어회를 한 점 집어 들었다. 숙성이 잘되어 살이 쫀득하고 차지다. 생선구이는 겉은 바삭하고 속의 생선살은 부드럽다. 곁들이에도 정성이 가득 들어갔다.

김 대표는 맛있는 일식 이자카야를 만들고 싶어 한다. "이제 굳이 일본에 가서 먹지 않아도 되겠다"는 이야기를 들으면 기분이 그렇게 좋단다.

다른 곳보다 종류가 많이 준비된 사케도 안주와 어울리는 것으로 추천받으면 되겠다.

뒤늦게 합류한 일행은 저녁을 먹지 못해 배가 고프다며 식사가 될 만한 메뉴를 찾는다. 이럴 때는 한우 함박스테이크, 한우 스키야키, 오므라이스가 준비되어 있다. 세 가지가 다 궁금하다고? 오므라이스는 계란옷이 겉은 바삭하고 속은 부드러운데 소스와의 궁합이 좋다. 식사는 물론이고 의외로 안주로도 잘 어울린다. 함박스테이크, 스키야키도 제대로 만들어져 나온다. 무엇을 먹어도 맛이 있으니 자꾸만 술잔에 술을 채우게 된다.

정선 곤드레

제대로 된 곤드레밥을 먹고 싶다면 강원도 정선까지 가야 할까? 아니다. 강원도가 고향인 김정옥 대표가 지키는 용호골목시장 입구 건너편 골목에 있는 '정선 곤드레'로 가면 된다.

곤드레밥 6000원, 두부김치 1만원,
두루치기 1만원
영업시간 12:00~21:00
(일요일 휴무)
부산 남구 용호로178번길 7(용호동)
051-624-9278

먼저 나온 반찬은 간이 심심하다 싶을 정도로 약한데도 자꾸만 손이 간다. 양배추로 담근 김치가 특히 맛깔나다. 김 대표가 강원도에서 어린 시절에 먹고 자란 것을 시험 삼아 올렸다. 반응이 어떨지 걱정했는데 일부러 양배추 김치를 먹으려고 오는 손님이 많다. 자꾸 찾아서 이제는 바꿀 수도 없을 정도다.

곤드레밥에는 이렇게 곤드레나물이 많아야 제격이다. 그냥 먹어도 괜찮지만 함께 나온 양념장을 살짝 올리니 더 맛있다. 들기름에 볶은 고소한 향이 퍼지니 집 나간 입맛이 돌아온다.

김 대표가 음식을 만들면 남편이 서빙한다. 부부가 정답게 운영하는 모습이 보기에 좋다. 동네 장사라 '손님이 가족'이라고 생각하고 음식을 만든다.

동네 장사는 주부들의 입소문이 중요하다. '정선 곤드레'는 주부들 사이에서 가격 괜찮고 맛있다고 소문이 났다. 곤드레 향이 다른 곳보다 진하다. 나물이 질기지 않고 부드럽다. 된장국은 진한 멸치 국물에 청양고추를 넣고 끓여 구수하면서도 뒷맛이 깔끔하다. 옆 자리 손님은 된장국만 벌써 몇 그릇째 먹고 있다.

처음에는 강원도의 친정어머니가 보내주는 곤드레를 썼다. 이제는 곤드레를 재배하는 곳을 방문해 직접 고른 것으로 바꾸었다. 더 맛있는 밥을 만들 수 있을 것 같단다.

에끼카레

감자 고로케가 추가된 '고로케 카레'를 주문했다. 순한 맛, 매운맛, 아주 매운 맛, 3단계로 구분이 되었다.

에끼카레 5500원, 고로케카레 7000원, 돈가스카레 7800원
영업시간 11:00~21:00
(일요일 휴무)
부산 남구 용호로216번가길 40
성모프라자 104호(용호동)
051-612-7718

"땡땡땡땡….." 잠시 기다리니 기적 소리와 함께 미니 증기기관차가 주문한 카레 쟁반을 화물칸에 싣고 주방에서 천천히 달려 나왔다. 테이블 번호표에도 '창측, 통로측' 표시가 붙어 있다. '기차 덕후'가 많은 일본의 분위기가 살짝 났다.

약간 걸쭉한 '고로케 카레'에 밥을 살짝 비볐다. 달걀 프라이를 조각내 고로케와 함께 떠먹었다. 으깬 감자의 부드럽고 달콤한 맛과 야들야들한 달걀 프라이, 향이 은은한 카레가 미각의 돌기를 하나하나 불러세웠다.

카레는 자극적이지 않을 만큼 달았다. 그릇을 비울 때쯤에는 매콤한 뒷맛을 남겼다. 2015년 남구 용호동에 '에끼(驛)카레'를 연 김태현 대표는 "일본 요리에서 기분 좋은 매콤함을 남기는 향신료를 썼다"고 답했다. 달콤함의 비결은 가게 한쪽 벽면에 정중한 궁서체로 공개해놓았다.

'에끼카레의 단맛은 주방장의 땀과 노력으로 장시간 양파를 우려 만든 육수를 사용한 양파 본연의 단맛임을 알려드립니다.'

김 대표는 점심 손님을 받은 뒤 오후부터 카레를 집중적으로 만든다. 양파를 충분히 고아 건더기가 남지 않을 정도로 만들고 여기에 강황을 넣어 카레로 완성하는 데 7시간 정도가 걸린다. 이렇게 만든 카레를 다음 날 손님 밥상에 내놓는다. "달콤 매콤한 꿈을 실은 열차 곧 출발합니다."

P&O

안심 리조토 1만6000, 안심 찹스
테이크 3만원, 고르곤졸라 파스타
1만6000원, 고르곤졸라 피자 1만
4000원
영업시간 10:30~24:00
부산 남구 분포로 66-30(용호동) 3
층 051-611-1239

제주도에 가면 늘 신세를 지는 지인이 부산에 놀러 왔다. 제주도 사람 구경시켜 주자니 심하게 고민이 되었다.

부산의 매력은 바다와 도시, 과거와 미래의 모습이 공존하는 다양성에 있다. 이런 곳이 떠올랐다. 용호동 LG 메트로시티 아파트 단지를 빠져나오면 이기대의 갤러리 겸 카페 'P&O'가 나타난다.

탁 트인 창으로 작은 어선들이 빽빽이 정박한 모습이 보인다 흔히 '섶자리'로 불리는 용호어촌이다. 테라스에 서니 광안대교와 마린시티가 한눈에 들어온다. 바닷바람이 실내로 들이닥쳐 이리저리 돌아다니니 답답했던 마음이 뻥 뚫렸다.

먼저 화이트와인으로 재회를 축하했다. 체코의 필스너 우르켈 생맥주도 눈길을 사로잡았지만, 나중을 위해 쟁여뒀다. 술은 이런 곳에서 마셔야 한다. 마음에 드는 상대를 매혹하기에도 기가 막힌 곳이다.

와인에 곁들여 찹스테이크와 봉골레 파스타를 즐겼다. 아이들과 함께라면 고르곤졸라 피자도 괜찮겠다. 워낙 뛰어난 조망에 가려졌지만 음식 솜씨도 나쁘지 않았다.

어둠이 깔리자 불을 켠 유람선이 낭만적인 밤 항해를 시작한다. 제주도 지인이 "부산이 너무 좋다"며 감탄을 한다. 이러면 곤란한데…. 'P&O'는 박종호·옥춘희 부부의 영어 이니셜을 따서 지었다.

쌍희반점

'쌍희반점'이 영업을 마치기 직전에 마지막 손님으로 가게를 찾았다. 혼자 밥을 먹다 심심해서 "왜 쌍희반점이냐"고 물었다. 장본화 대표는 이 가게가 생긴 지 63년, 자기 나이도 같다고 했다. 장 대표의 아버지가 가게를 연 지 일주일 만에 그가 태어났다. 가게도 생기고 아들도 태어나는 두 가지 기쁨이 생겨 '쌍희'라고 했다.

짜장면 4000원, 짬뽕 5000원, 수초면 7000원, 탕수육 1만8000원, 양장피 3만원
영업시간 11:30~20:30
(2, 4주 일요일 휴무)
부산 남구 8부두로 3-1(감만동)
051-646-4007

탕수육과 수초면을 주문했다. 탕수육은 새콤달콤한 소스와 고소한 돼지고기 맛이 잘 어울린다. 머릿속에 떠오르는 딱 그 탕수육 맛이다. 오랫동안 먹어본 결과 탕수육 소스에 들어가는 채소는 그날그날 달라진다.

수초면에는 하얀 국물에 죽순, 버섯, 복어 살, 해삼 등이 푸짐하게 들었다. 시원한 국물 덕분에 면보다 국물이 먼저 줄어든다. 단맛이 나는 탕수육과 수초면을 함께 먹으면 어울린다.

쌍희반점에서는 어떤 메뉴를 시켜도 1인분이 맞나 싶을 정도로 많이 담겨 나온다. 장 대표는 요리, 서빙, 배달 1인 3역을 한다. 갑자기 어디선가 DJ DOC의 'Run to you' 노래가 울려 퍼진다. 그의 휴대폰 벨 소리다. "사위 노래 아닙니까?"라고 손님 중 한 사람이 아는 체하니 "내라도 해야제"라며 웃는다.

얼마 전까지 벽에는 가수 김창렬과 연예인들의 사인이 있었지만 페인트칠을 새로 하면서 없어졌다. 그걸 왜 남겨두지 않았느냐고 물어보니. "내가 그 사인 때문에 페인트칠을 몇 년이나 미뤘는데…"라며 은근히 사위 사랑을 드러낸다. 쌍희반점으로 '런투유' 해보자.

동원아구찜

비 오는 날 찾아간 감만시장은 운치가 있었다. 천막 위로 떨어지는 비의 장단이 경쾌했다. '동원아구찜' 안에는 콩나물 삶는 고소한 냄새로 가득차 있었다. 아귀찜과 해물아귀찜 중 고민을 했다. 뭐가 더 맛있을까. 조금이라도 더 들어간 게 맛있지 않을까.

해물아귀찜 2만5000원, 아귀찜 2만원, 간장게장 2만5000원
영업시간 11:30~22:00
(2, 4주 월요일 휴무)
부산 남구 우암로70번길 22-6(감만동) 051-646-2340

해물아귀찜을 주문하면 매운 것을 먹기 전에 속을 달래라고 호박죽이 나온다. 이 호박죽 더 먹고 싶다.

반찬은 보기에도 벌써 정성스럽고 정갈하다. 반찬 중 돌게로 만든 간장게장이 있다. 달지 않은 간장양념에 단정하게 누워 있는 게장은 진짜 별미였다.

빨간 해물아귀찜은 노란 콩가루가 뿌려져 나왔다. 빨간 꽃 한 송이가 피어난 것 같다. 콩나물과 아귀를 같이 집어 들었다. 콩나물의 아삭함이 살아 있고, 생아귀를 사용해 쫄깃함이 일품이다. 아귀의 살에 간이 골고루 배 입안에서 맛있게 매운맛을 낸다. 아귀 껍질도 탱글탱글하고 육즙이 많아 식감이 좋다. 해물도 싱싱한 것을 사용해서 단맛이 난다.

김영희 대표가 언니 부부와 함께 운영한다. 동원식당이라는 이름으로 범일동에서 20년이 넘게 운영을 하다가 감만시장으로 옮긴 지 6년쯤 되었다고 했다. 하루이틀에 쌓인 내공이 아니었다.

목포에 사는 김 대표의 큰언니는 염전도 하고 농사도 짓는다. 가게를 하는 동생의 수고를 덜어주고 싶은 마음에 천일염, 장, 장아찌 종류까지 보낸다. 자매의 정성과 김 대표의 손맛이 더해져 동원아구찜의 맛이 되었다.

진양연탄석쇠
불백

연탄불백정식 7000원, 연탄불고기
1접시(선지국 포함) 1만5000원,
진양냉면세트 6500원
영업시간 10:30~21:00
(일요일 휴무)
부산 남구 유엔평화로 161-5(용당
동) 동명오거리에서 유엔기념공원
방향, 가나병원 맞은편
051-623-2555

식사시간 즈음 이 근처를 지나가면 고기 굽는 맛있는 냄새가 솔솔 올라온다. 범인은 진양연탄석쇠불백이다.

점심시간보다 일찍 가서 대표 메뉴 '연탄불백정식'을 주문했다. 한 가지 아쉬운 점은 모든 메뉴가 2인분부터 주문할 수 있다는 것이다.

주문과 동시에 테이블에 반찬이 꽉 차게 나온다. 밥은 고봉밥으로 담겼다. 시래깃국까지 있으니 여기까지만 해도 웬만한 정식집 차림에 밀리지 않는다. 곧 선짓국과 불백이 나왔다.

연탄불 위에서 석쇠로 익혀 낸 얇은 고기에는 기름기가 빠져 있다. 달콤한 고추장 양념 맛 끝에 매실 향이 살짝 올라온다. 직접 담근 매실청을 사용해 맛을 내니 단맛에도 깊이가 있다. 불 향이 밴 고기는 입안에서 사르르 녹아내린다.

고기가 조금 달다 싶을 때 선짓국과 함께 하면 궁합이 딱 맞다. 선도가 좋은 선지를 사용하고 콩나물이 많이 들었다.

매콤달콤한 불백은 밥도둑이다. 채소에 고기와 밥을 올리고 열심히 쌈을 싸 먹었다. 이기식 대표 얼굴 보기는 쉽지 않다. 주방 뒤편에서 연탄불에 돼지고기를 구워내느라 바쁘다.

이 대표는 여기서 오랫동안 중국집을 운영했다. 요리 경력만 따진다면 40년이 넘는다. 자주 먹어도 질리지 않는 메뉴를 고민하다가 연탄불백정식으로 새로 문을 열었다.

푸짐한 한 끼에 비해 가격이 너무 저렴한 것이 아닌지 물었다. 가족이 함께 운영하면서 인건비를 줄여서 가능하다며 웃는다.

"

동명식육식당

동명식육식당에는 80kg 넘는 돼지가 매일 한 마리씩 들어온다. 그래서 고기를 저렴하게 팔 수 있다.

돼지생삼겹살 180g 7000원, 양념갈비 180g 6000원, 된장찌개 5000원(고기 먹은 뒤 2000원)
영업시간 11:30~21:00
(일요일 휴무)
부산 남구 유엔평화로 153(용당동)
051-621-5324

1인분에 180g, 가격은 7000원으로 양도 많이 준다. 단골들은 자리에 앉으면서 "맛있는 걸로 주세요"라고 말한다. 어느 부위 달라는 이야기가 아니다. 그렇게 말하면 알아서 고기가 척척 나온다.

우리는 2명이서 고기 3인분에 된장 2인분을 시켰다. 처음에는 너무 많지 않은가 생각했다. 정신을 차리고 보니 다 먹고 남은 것이 없다. 고소한 돼지고기를 갓 지은 쌀밥과 먹으며 다이어트는 잠시 잊기로 했다. 직접 담근 된장으로 끓인 된장찌개에서 깊은 손맛이 느껴졌다.

손후자 대표는 27년째 동명식육식당을 운영하고 있다. 하루에 한 마리씩 들어오는 고기가 남으면 어떻게 하는지 물었다. 냉동해 놓았다가 한 달에 한 번 어려운 이웃을 돕는 데 사용한다. 가격도 착하고 사장님 마음씨도 착하다.

저녁에는 고기 뒤에 된장을 먹는 코스, 점심 때는 주로 된장찌개나 김치찌개 메뉴를 많이 시킨다. 된장찌개나 김치찌개에는 다듬고 남은 고기가 듬뿍 들었다. 된장찌개는 육수를 따로 내지 않고 큰 멸치를 넣고 직접 담근 시골 된장을 풀어서 각종 채소와 함께 끓인다.

된장이 맛있다고 하자 손 대표는 "안동에서 메주를 가져와서 직접 된장과 고추장을 담근다. 시골에 있는 친정어머니와 농사짓는 동생들이 챙겨 보낸다"며 자부심을 드러낸다.

엉클밥

비가 오는 날에 '엉클밥(uncle bob)'을 찾아갔다. 오픈 주방 바로 앞자리는 혼자라도 괜찮아 보였다.

깻잎불고기피자 1만4000원, 슈퍼슈프림피자 1만4000원, 고르곤졸라피자 1만4000원, 아메리카노 3000원
영업시간 12:00~1:00
(일요일 휴무)
부산 남구 수영로334번길 56-1 향수원룸(대연동) 070-4151-0209

네 가지 버섯과 직접 양념한 불고기에 깻잎을 올려 만든 '깻잎불고기피자'를 먹어보기로 했다. 주문과 동시에 이수곤 대표는 도우를 펴고 피자를 만들기 시작한다. 이 대표의 동생 수운 씨가 메뉴 설명을 한다. 남자 두 명이서 하는 가게라 각각 '큰삼촌'과 '작은삼촌'으로 불린다.

이 대표에게 '엉클밥'이 '삼촌이 해주는 밥'이라는 뜻인지 물었다. 그건 아니었다. 시간이 지나면 지금 학생 손님 눈에도 자신이 삼촌으로 비치지 않을까 하는 생각에 '엉클'이라 붙였다. '밥'은 유학 시절 영어 이름이었단다.

피자가 다 되어가는 고소한 냄새가 난다. 오븐을 사용해서 굽는데 특이하게도 화덕피자의 느낌이 난다. 먹기 좋게 작은 조각으로 잘린 피자 위에는 깻잎이 올려졌다. 불고기를 깻잎에 싸서 먹는 기분이다. 도우는 고소하면서도 쫄깃했다.

깻잎불고기피자라는 메뉴는 어떻게 생각했을까. 이 대표가 예전에 고깃집에서 아르바이트할 때였다. 고기와 버섯을 함께 구우면 더 맛있었다는 경험에서 아이디어를 얻었다. 피자 안에 네 가지 버섯과 직접 양념한 불고기에 깻잎을 올려 최고 인기 메뉴가 되었다.

중남해

부산에서 양고기 하면 부경대 앞의 '중남해'가 떠오른다. 특히 중국 유학생이 많이 찾는 중남해의 대표 메뉴는 '양 꼬치'. 갈빗살로 만드는 여기 양 꼬치는 질기지 않으면서도 씹는 맛이 좋다.

양 꼬치 1000원, 고급 양 갈비 1만 2000원, 양 만두 4500원, 칭다오 맥주(640ml) 5000원, 독공보가주 (250ml) 1만원
영업시간 17:00~01:00
(일요일 휴무)
부산 남구 용소로 42(대연동) 부경대 정문 건너편 '굽네치킨' 옆
051-626-5792

10개월 미만의 어린 양고기 램(lamb)을 쓰기 때문인 것 같다. 양고기 고유의 냄새가 살짝 나지만 전혀 역하지 않다.

양 꼬치를 소금·고춧가루·깨가 섞인 향신료 즈란(孜然)에 찍으니 궁합이 아주 그만이다. '양 갈비'는 고기를 뜯는 재미가 더해진다. 마늘 기름장을 찍으니 좋다. 양고기에 중국 맥주까지 곁들이자 어느새 고삐 풀린 정신이 만주 대륙을 달리며 양 떼를 몬다.

다시 출출해졌다면 중남해에서만 나오는 양 만두가 있다. 양고기는 찌거나 삶으면 향이 너무 강하다. 그래서 만두 소로 돼지고기 70%, 양고기 30%를 섞는다.

대학가에서 어떻게 이런 중국 가정식 요리를 낼까? 알고 보니 중남해는 '한·중 합작 패밀리 비즈니스'다. 중남해 김도연 대표가 중국 전문 여행사를 운영하다 산둥 성에서 열린 신차 발표회장에서 지금의 부인이 된 모델 첸첸 씨를 보고 한눈에 반해버렸단다. 가게에서 양 만두를 빚는 분이 바로 김 대표의 장인이다. 처가는 중국 웨이하이(威海)에서 만둣가게를 운영했다.

품식당

맛있기만 하다면 위치는 문제가 안 된다는 것을 보여주는 음식점이 '품식당'이다. 품식당은 용천지랄 소극장에서 더 남천동 쪽으로 들어간 골목에 위치했다.

우엉돼지불고기 8000원(2인분 이상 주문 가능) 돼지김치찌개 7000원, 곤드레 장어 덮밥 1만 3000원
영업시간 10:30~22:00
부산 남구 용소로13번길 61(대연동)
051-621-0826

가장 많이 시키는 메뉴는 '우엉돼지불고기'이다. 다른 곳에서는 먹어볼 수 없는 메뉴라 고민할 필요 없이 결정했다. 우엉돼지불고기는 양념 잘 밴 돼지고기와 아삭한 식감의 우엉 채가 어울려 일품이었다.

품식당 김남훈 대표는 군대에서 취사병으로 시작해서 서울 신라호텔 일식당, 홍콩 싱가포르 호텔 한식당 총책임자, 이탈리아 식당 등 국내외를 합쳐 수십 년의 경력을 자랑한다.

서울에서 한 번 자신의 가게를 열었다가 결혼을 하면서 아내와 함께 부산에 정착해 새로 음식점을 열게 되었다. 품식당은 엄마 품 같은 식당이길 바라는 뜻에서 지은 이름이다.

돼지고기를 얇게 썰면 빨리 익고 양념이 잘 배는 장점은 있지만 식감이 없는 단점이 있다. 이것을 보완하기 위해 생각해낸 것이 우엉채였다. 우엉채의 굵기를 고기와 함께 잘 익힐 수 있는 얇은 두께로 맞춘 것이 포인트였다. 김치찌개에도 늙은 호박을 사용해 육수를 냈다. 김치의 매운맛이 살아 있으면서도 국물이 부드럽고 시원한 맛이 난다. 김 대표는 약선 요리 연구회에서도 활동해 몸에 좋은 재료로 화학조미료 없이 맛을 내는 방법을 고안했다. 먹고 나면 속이 편안하다.

동해바다

'동해바다'에는 이름처럼 언제나 동해에서 온 신선한 해산물이 가득하다. 이 집에 10년 전에 처음 갔을 때는 유엔조각공원 앞의 작은 가게였다. 대기자가 많아 번호표부터 받고 기다리는 게 당연한 시절이었다. 대개 40분 정도 유엔조각공원을 산책하는 일까지 코스에 포함되었다.

해물찜·해물탕 소 4만원,
중 4만7000원, 대 5만5000원
영업시간 12:00~23:50
부산 남구 유엔로 208(대연동)
051-624-7789

'동해바다'는 3번째로 자리를 옮겼다. 조금씩 넓은 곳으로 옮겨 식사하기가 편해졌다.

메뉴는 해물탕과 해물찜 두 가지이다. 해물찜 소를 시키면 성인 3명이 배불리 먹을 수 있는 양이다. 반찬은 언제나 똑같은 5가지다. 먹음직스러운 해물찜 위에는 낙지, 꽃게, 새우 등이 올랐다. 빨간 양념으로 버무려진 해물과 콩나물 가운데에 노란 콩가루를 살짝 얹었다. 콩가루는 고소한 맛을 더하는 동시에 매운맛을 잡아준다. 개운하면서 적당하게 맵다. 맛있게 맵다는 말이 어울린다.

해물탕에는 냄비 가득히 해물이 들었다. 비법 육수를 넣고 끓인 국물은 감칠맛이 넘쳐 해장하러 왔다가 소주 생각이 난다.

김영주 대표에게 혹시 마법의 손을 지녔느냐고 물었다. 김 대표는 웃으며 "신선한 해산물과 부드러운 콩나물 말고는 비법이 없다"고 말한다. 아침마다 자갈치에 가서 해물을 골라 가게에서 직접 장만한다. 가게를 시작하고 단 한 번도 거른 적이 없는 일이다. 콩나물을 키우면 여러 단으로 크는데 윗부분을 다 걷어 낸다. 부드러운 부분만 쓰려는 생각이다. 해물찜 생각만 해도 입안에 침이 가득 고인다.

집밥 예인

동방오거리에서 광안리 해수욕장으로 내려가는 골목에는 식당들이 띄엄띄엄 있다. '집밥 예인'의 간판은 눈에 잘 띄지는 않았다. 정감 있는 글씨체로 입구에 '오늘 엄마의 특별 반찬 잡채와 김치전'이라고 적혀 있었다.

생선구이 정식·두루치기 정식·돈가스 정식 7000원
영업시간 11:30~21:00
(일요일 휴무)
부산 수영구 민락로27번길 3 컨츄리빌리지 1층(민락동)
010-9947-8727

메뉴는 언제나 두루치기, 생선구이, 돈가스 세 가지로 모두 7000원이다. 숭늉, 밥, 국은 셀프로 가져다 먹어야 한다. 구수하고 깊은 맛이 나는 숭늉이 너무 좋다.

여름이면 시원한 오이 냉국이 별미다. 숭늉을 먹는 사이 작은 그릇에 반찬을 담아 내왔다. 한 상 가득 차려 나온 반찬을 보고 깜짝 놀랐다. 15첩 반상, 가짓수가 많다. 방금 구운 김치전과 갓 끓인 된장찌개까지 나왔다. 두루치기는 사랑을 가득 실어 하트 모양에 담겨 나온다.

원래 요리하는 일을 좋아했던 조선애 대표는 우연한 기회에 '집밥 예인'을 시작했다. 좋아하는 지인을 초대해서 맛있는 밥 한 끼 대접하는 마음으로 요리한다. 매일 새벽마다 조 대표는 그날 필요한 재료를 사러 나선다. 좋은 물건, 제철 재료만 보면 일단 장바구니에 담고 본다.

살짝 늦은 저녁 식사시간에는 떨어지는 반찬이 생겨 그날 만든 반찬을 다 맛보지 못할 수도 있다. 조금 빠지고, 조금 느리면 어떤가. 행복한 밥상이 여기에 있다. 오늘 새벽 어떤 재료가 집밥 예인의 장바구니에 담기고 있을지 궁금해진다. 멀지 않은 곳에서 파도 소리가 들려오는 것 같다.

석현(席現)

'석현(席現)'. 이름 그대로 이 자리에 홀연히 나타난 집이다. '오통면'을 시그니처 메뉴로 내세워 가격 착하고 맛있는 곳으로 이름을 알리고 있다.

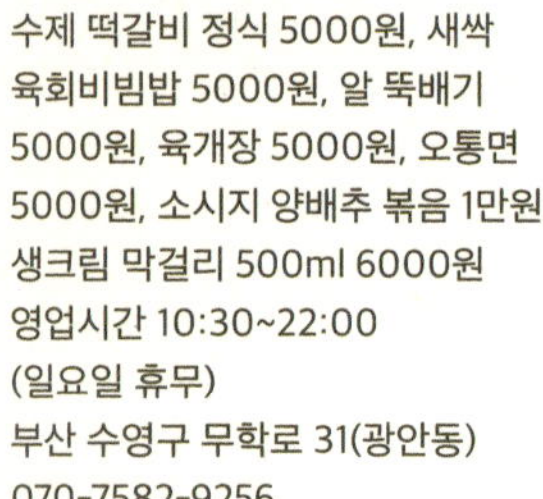

수제 떡갈비 정식 5000원, 새싹
육회비빔밥 5000원, 알 뚝배기
5000원, 육개장 5000원, 오통면
5000원, 소시지 양배추 볶음 1만원,
생크림 막걸리 500ml 6000원
영업시간 10:30~22:00
(일요일 휴무)
부산 수영구 무학로 31(광안동)
070-7582-9256

식사 메뉴의 가격은 모두 5000원이다. 제일 먼저 나온 것은 '오통면'. 뽀얀 라면 국물에 오징어 한 마리가 통째로 올려져 있다. 돼지 뼈와 닭을 사용해서 육수를 내 나가사키짬뽕 같은 깊은 맛이 난다. 훈제 칠면조, 조개, 꽃게와 여러 가지 채소가 푸짐하게 들었다. 김준호 대표 자신이 먹고 싶은데 다른 곳에선 팔지 않아 만들었다.

떡갈비는 크지 않지만 맛있는 양념과 육즙 때문에 밥도둑 소리를 듣는다. 날치 알이 너무 많이 든 알 뚝배기도 고소해서 자꾸만 손이 갔다.

방금 만든 순대 볶음에서 김이 모락모락 올라온다. 옆 테이블에서는 "소주 한 병이오"를 외친다. 해장하러 왔다가 맛있는 반찬이 그만 술을 부른 것이다.

저녁에는 생크림 막걸리가 인기다. 부드럽고 달콤해 어느 막걸리 전문점보다 맛있다. 집에 가야 하는데 맛있는 안주가 자꾸 한 잔만 더하라고 권한다. 소시지 양배추 볶음으로 향하는 젓가락을 멈출 수가 없다.

대희네

횟집은 어딜 가나 다 비슷하지 않을까. 전국에서 횟집이 가장 많은 민락동 회센터 건물 6층 '대희네'에 가고 나서야 그건 편견이었음을 깨달았다.

코스 요리 1인 4만~7만원, 흑산도
홍어삼합 7만원, 생 아귀수육 5만원,
생 아귀찜 4만원
영업시간 17:00~24:00
부산 수영구 민락수변로 7(민락동)
051-702-5581

이곳을 소개한 지인은 코스 요리를 권하며 그래야 손맛을 제대로 느낄 수 있다고 했다. 먼저 해초 6가지가 갈치젓갈을 둘러싸고 나왔다. 곁들이 반찬은 보기에 정갈하고, 맛까지 있어서 믿음이 갔다. 푸른색 해초를 젓갈에 살짝 담갔다. 싱싱한 것이 숙성된 것을 만나 손을 잡고 어우러졌다. 갯가의 날것이 주는 향과 맛, 진짜 부산을 느끼는 순간이다.

흑산도 홍어 또한 코스에 빠지지 않는다. 씹을 때마다 암모니아 향이 뿜어져 나와 답답했던 속이 뻥 뚫린다. 이런 홍어 맛을 부산에서 맛볼 수 있다니 놀랍다. 여기다 촉촉한 돼지 수육, 묵은지와 갓김치까지 한 번에 싸서 입안에 집어넣었다. 맛의 트리플 악셀 점프다. 쫀득한 찰떡 선어회에 술 한잔이 간절해진다. 겉은 바싹하고 속은 촉촉한 생선구이에 간장양념을 올리니 밥 생각이 났다. 마지막에 나온 홍어탕은 속 시원한 마무리 투수 같다.

그 맛이 머릿속에 계속 맴돌아 다시 한번 찾아갔다. 손 큰 여사, 이대희 대표는 시장에서 좋은 재료만 보면 무조건 사고 본다. 이날은 계획에 없던 미꾸라지를 사서 진하게 추어탕을 끓여냈다. 따로 온 손님끼리 여기저기서 서로 아는 체를 하는 모습도 보인다. 좋은 것을 좋아하는 사람에게만 알려주고 싶은 마음은 누구나 같은가 보다.

맛있는 요리는 입안에서 너무 빨리 사라져 아쉽다. 손님이 뜸해지는 시간이면 가게 한쪽에서 피아노를 연주하는 또 다른 그의 모습도 만날 수 있다.

귀희 한식

2만원, 3만원
영업시간 12:00~14:00,
17:00~23:00
부산 수영구 광남로 67-3(남천동)
051-626-7778

지인의 초대가 있었다. 자기가 음식을 해 주는 건 아니지만 그런 느낌을 받을 수 있는 곳으로 초대한다는 이야기였다.

남천동 '귀희 한식'은 정귀희 대표가 자기 이름을 따서 문을 열었다. 공간이 아담하고 맛있다고 소문이 나서 예약 없이는 밥 먹기가 어려운 곳이다. 가정집을 개조한 공간에 방이 3개, 마루에는 테이블이 1개 있다. 가격에 따라 음식의 가짓수와 종류가 조금씩 달라진다. 정해진 요리는 없고 그날 장보기에 따라 달라진다. 정 대표는 시장에 가서 좋은 식재료만 보면 안 사고는 못 견디는 성미다.

샐러드와 광어 회무침을 시작으로 잡채, 버섯 탕수육이 나왔다. 재료의 식감과 색상까지 생각해서 만들어 보기에도 좋고 맛도 좋다. 부드러운 수육과 직접 담근 김치가 잘 어울린다. 갈비탕과 장어구이, 전복 요리까지 좋은 것들이 계속 나온다. 밥과 된장이 나올 때 김치와 멸치볶음 정도가 추가된다. 가짓수만 채우고 손이 가지 않는 한정식은 사양한다.

음식이 담긴 그릇과 주전자 하나까지도 예뻤다. 정 대표의 자녀는 모두 외국에서 살고 있다. 어머니가 그릇을 좋아하는 것을 알기에 예쁜 그릇이 보이면 모아 두었다가 가져다준다. 그릇마다 이렇게 작은 사연이 담겼다. 방에 깔린 방석도 매일 빤다. "우리 집에 오는 손님이 앉을 것인데 까슬까슬해야 좋지요"라고 말한다. 내일은 또 어떤 좋은 재료가 그를 만나 맛있는 요리로 나오게 될지 궁금하다.

요리도 '먹방'도 좋지만

"그거 먹어봤나?"

먹는 이야기가 또 도마에 올랐다. A가 "세상에서 곰 발바닥 요리가 제일 맛있다. 그중에서도 오른쪽 앞 발바닥(편의상 '손'으로 부르기로 한다)이 최고, 왼손은 오른손 값의 5분의 1밖에 안 한다. 그 이유가 뭔지 아나?"라고 물었다. 그러자 "오른손이 더 커서?", "곰은 용변을 보고 나서 왼손으로 닦아서 그런 게 아닐까" 등등 먹어보지 않은 자들의 추측이 어지러웠다.

A는 "곰은 겨울잠을 잘 때 우리가 책상에 엎드려서 자는 것처럼 머리를 오른손에 얹는데 배가 고프면 그 손을 자꾸 핥아. 그래서 오른손이 맛있는 거야"라고 말했다. 이때 잠자코 듣고만 있던 B가 "그 곰이 왼손잡이라면 어떻게 되는데?"라고 한마디 해서 A가 그만 꿀 먹은 벙어리가 되고 말았다.

찾아보니 오른손이 비싼 다른 이유도 있다. 곰이 꿀을 딸 때는 두 개의 뒷발로 버티고 서서, 왼손으로 나무를 붙잡고 오른손으로 벌집을 건드린다. 곰이 목숨처럼 소중한 꿀을 강탈해 가는 것을 보고 벌이라고 가만히 있을쏘냐. 무차별로 곰의 손을 향해 침을 쏘아댄다. 그렇게 벌침에 묻은 미량의 꿀 성분이 오른손 피부 속으로 스며들어 육질에 벌꿀향이 배어난다는 것이다. 먹는 이야기는 이렇게 듣기만 해도 침이 넘어간다. 그러니 실제로 보여주는 '먹방(먹는 방송)'은 얼마나 더 재밌을까.

요리해서 먹기만 하는 심심한 내용을 담은 케이블채널 tvN의 '삼시세 끼'를 즐겨 본다. 차승원이 이번 주에는 어떤 요리로 우리를 놀라게 할 지 벌써 기다려진다. 삼성전자가 TV 광고에서 "누군가에겐 스테이크, 누군가에겐 문득 요리가 하고 싶어지는 느낌, 같은 것을 보지만 새로 운 변화가 시작될 것입니다"라고 강조하는 걸 보니 세상이 많이 달라 졌음을 실감하겠다.

요즘같이 힘든 세상에 음식은 확실히 위로가 된다. 문제는 우리 사회 가 지나치게 한쪽으로 쏠리는 경향이 심하다는 것이다. 음식도 많이 먹으면 체하고, 위로도 과하면 듣기가 싫다. TV 속 연예인도, 오랜만 에 만난 친구도 줄곧 먹는 이야기만 하면 좀 질리지 않을까. 한석봉의 어머니는 떡을 썰고, 석봉이는 글을 써야지, 같이 떡을 썰겠다고 나서 면 이야기가 안 된다.

지금은 세상을 떠난 한 선배가 음악에 아무 관심이 없던 후배에게 "음 악을 모르면 인생의 큰 즐거움을 모르는 거다"라고 충고를 해주었다. 세상의 즐거움이 어디 음식뿐일까. 기왕 세상에 태어났으니 더 많은 것을 보고, 듣고, 느끼고 싶다.

지역별 맛집
중구·동구
·영도구
Cafe de
BOM
Cafe de
BOM

부산 숯불갈비

'부산 숯불갈비'는 한우를 파는 고깃집이다. 하지만 점심 때 솥밥한정식이 맛있는 밥집으로 더 이름이 알려졌다.

이현준 대표는 10년 전에 식당을 시작했다. 처음부터 지금처럼 장사가 잘되지는 않았다. 그때만 해도 더 골목 안에 자리 잡아 어려움이 많았다. 이 대표는 날씨가 흐린 날이면 주변 사무실에 구두 닦는 봉사를 하러 다녔다. 가게 홍보용 전단을 들고 직접 뛴 것이다. 그런 정성 덕분인지 알고 찾아와 주는 손님이 많아졌다.

솥밥을 주문하면 밥이 나오기까지 10분 정도가 걸린다. 배가 고파도 참고 기다려야 한다. 주문과 동시에 밥 짓기가 시작되기 때문이다. 밥이 나오는 시간에 맞추어 반찬이 차려진다. 미리 차려두면 반찬만 먼저 먹어 밥이 맛이 없을 수도 있기에 그렇게 한다. 손님 입장에서 생각해 보면 쉽게 알 수 있다.

점심특선- 솥밥 한정식 1만원, 등심 전골
(2인) 2만5000원, 곱창전골(小) 3만원
영업시간 09:00~22:00(일요일 휴무)
부산 중구 백산길 3-1(동광동)
051-247-6262

여기선 밥을 먼저 맛보아야 한다. 그냥 보기에도 윤기가 흐른다. 갓 지어서 밥알이 마르지 않아 맛이 있어 보인다. 반찬도 가짓수만 많고 손이 안 가는 것이 없다. 무엇을 먹어도 맛이 있다.

혹시나 밥 짓는 비결이 있을까. 이 대표는 '정성'이 아니겠느냐며 웃는다. 개업할 때부터 거래하던 가게에서 제일 좋은 쌀을 가지고 오는 거 말고는 비결이 없다고 했다. 좋은 재료에 정성을 더하면 맛이 있다. 그래서 이 집 밥은 특별하다.

이 집을 추천해준 오랜 단골은 사업상 귀한 손님을 만나 '맛있는 밥'이 먹고 싶다고 하면 오는 집이라고 했다. 그러면 그 손님도 어느새 단골이 되는 곳이라고 흐뭇해한다.

밥이 맛이 있으니 반찬도 더 맛있게 느껴진다. 이 대표는 "반찬 더 드시고 싶으면 얼마든지 말하세요"라고 이야기한다. 손님 마음을 눈치채고 먼저 말해주니 좋다. 어느새 다른 테이블에 가서도 모자라는 것은 없는지 챙기고 있다.

신나게 일하는 그가 있어 가게 안이 밝은 기운으로 넘쳐난다. 잘 먹고 나서는 길에 "다음 번에 신발 바꾸면 아는 척할게요"라고 인사를 건넨다. 정말 내 신발을 기억할까….

충무로

'충무로'는 서울 말고 부산 중구에도 있었다. 오재민 대표는 충무김밥을 팔고 있어서 '충무로'라고 이름 지었다며 웃는다. 오 대표의 어머니는 동구 수정동에서 오랫동안 충무김밥 장사를 하고 있다. 어머니의 비법을 이어받아서 가게를 시작한 지 일 년이 되었다.

충무김밥 5000원, 하와이안 무스비 2500원, 해초 비빔밥 5000원, 불고기 덮밥 5000원, 크림카레우동 6000원, 호박 식혜 2000원
영업시간 11:00~20:00
(일요일 휴무)
부산 중구 흑교로46번길 8-1(보수동) 051-242-8069

그 밖에도 불고기 덮밥, 해초 비빔밥, 크림카레우동 등 여러 메뉴를 개발해 만들어 낸다. 어머니 솜씨만 가져다 장사를 하기보다는 자신의 색깔을 조금 더 입히고 싶단다.

오 대표는 학창시절 자주 왔던 이 골목길이 좋아서 여기에 가게를 열게 되었단다. 골목과 어울리는 곳이 되고 싶어서 화려한 간판이나 요란한 치장은 뺐다.

가지런하게 만 충무김밥과 김치, 네모난 김밥인 하와이안 무스비가 나왔다. 따끈한 충무김밥과 잘 익은 무김치는 금실 좋은 부부처럼 궁합이 맞는다. 함께 나온 오징어무침과 어묵무침은 바다부터의 인연을 육지에서도 이어갔다. 하와이안 무스비는 재료의 색상을 조화시켜 댄서들의 화려한 의상이 떠올랐다.

디자인을 전공하고 관련 일을 했던 오 대표. 이제 음식 디자이너가 되고 싶다고 했다. 음식의 색상이 살아 있고 담음새가 깔끔하다고 했더니, 다 이유가 있었다. 개나리색 호박 식혜의 시원하면서 달콤한 맛에 기분이 산뜻해졌다.

보수구이

오리구이 2만원, 한방 오리백숙
4만원, 영양죽 1000원
영업시간 12:00~22:00
(명절 휴무)
부산 중구 흑교로71번길 14(보수동
3가) 051-256-9794

진보와 보수의 이데올로기 논쟁, '보수구이'에서는 잠시 접어
두자. 보수동에 위치해 '보수구이'라는 이름을 썼을 뿐인데,
손님들이 무슨 뜻이냐고 자주 묻는다.

1시간 전에 미리 유황오리 백숙을 주문했다. 자리에 앉자 곁
들이가 먼저 나왔다. 가지런히 놓인 곁들이는 16가지나 된다.

정성숙 대표가 그중 버섯 간장조림과 매실 견과류 두 가지를
자랑한다. 버섯 간장조림은 10년 된 간장을 사용해 감칠맛이
좋았다. 매실 견과류는 매실액에 견과류를 조려 강정처럼 만
들었다. 고소한 맛이 일품이다.

유황오리 백숙은 16가지 약재를 넣고 푹 고았다. 황기, 헛개
나무, 가시오가피, 둥굴레, 구기자가 들었다. 약재는 농장과
직거래를 통해 직접 구매한 국산이다. 이를 한 번 쓸 양으로
만들어 봉지에 담아둔다.

오리백숙은 오리 한 마리, 3~4명이 먹을 수 있는 양이다. 제
일 맛있어 보이는 다리를 뜯었다. 육질이 부드럽다. 혹시나
했는데, 오리 특유의 냄새도 나지 않았다. 양념장도 필요 없
었다.

정 대표는 좋은 약재를 많이 넣었으니 국물은 다 먹고 가야
한다고 했다. 백숙 손님에게만 나온다는 영양죽은 고소했다.
그래도 허전하다면 오리구이다. 빨간 양념을 입은 고기가 나
왔다. 유황 오리라서 잡냄새가 나지 않고 육질은 부드러웠다.
양념도 매콤달콤하게 잘 배었다.

수목횟집

수목횟집에서 모둠회 작은 것을 시켰다. 꽃이 만발한 계절이라 봄나물이 가득 상에 올라왔다. 봄나물이 4가지, 도루묵 조림, 김치, 쥐포 무침, 파래 무침이 나왔다. 이 정도 찬이면 밥 한 그릇 뚝딱은 일도 아니겠다. 봄나물로 향하는 손길이 봄처녀의 마음 같다.

모둠회 3만원, 회백반 1만원, 회비빔밥 8000원, 매운탕 8000원
영업시간 12:00~22:00
(1, 3주 일요일 휴무)
부산 중구 흑교로 34 부평맨션 1층
(보수동) 051-245-3601

이날 모둠회는 냉장고 속에 차갑게 보관했던 대리석 접시 위에 밀치와 광어를 가지런히 담아냈다. 입안에서 살살 녹는 회와 향긋한 봄나물의 조화에 기분이 좋아졌다.

어느 정도 회를 먹어갈 때가 되자 매운탕이 나온다. 밥을 먹지 않을 작정이었다. 매운탕 국물을 한 숟가락 맛보고 나니 저절로 "공깃밥 주세요"란 말이 나왔다. 회를 다듬고 나온 생선뼈가 듬뿍 든 매운탕은 시원하면서도 끝맛이 달다. 꿀맛은 이럴 때 써야 할 것 같다.

뼈 사이에는 제법 많은 살이 남아 발라 먹는 재미도 쏠쏠하다. 점심 때는 식사 손님이 많아서 제철 반찬을 내어놓고. 저녁에는 안주 위주로 술 먹기 좋은 반찬으로 바뀐다.

제대로 점심 시간이 되자 나이 지긋하신 어르신들이 자리를 잡는다. 단골손님이 대부분이다. 다음 날에 다녀온 지인이 우럭 조림의 간이 기가 막히다고 전해준다.

그런데 궁금하다. 가게 이름이 왜 수목횟집일까. "수·목요일이면 회를 더 많이 주는 거냐, 공짜로 주는 거 아니냐"며 묻는 손님도 많단다. 글쎄요. 궁금하면 가보시든가. 수목횟집의 저녁 상차림이 궁금해진다.

청보리 보쌈

보쌈 2인 2만원(식사 별도 주문),
강된장·밥 2000원, 청보리 정식
6000원
영업시간 12:00~20:30
(일요일 휴무)
부산 중구 흑교로5번길 3(부평동)
051-255-9647

국제시장 쪽으로 나갈 일이 있다고? 그러면 착한 가격에 맛있게 한 끼를 먹었다는 생각이 드는 '청보리 보쌈'을 추천한다. 6000원 하는 '청보리 정식'의 반찬을 보면 감탄이 나온다.

나물 세 가지, 열무김치, 해물 강된장, 생선구이, 추어탕, 쌈 채소, 계절 반찬, 돼지고기 수육과 수육용 김치가 함께 나온다. 이렇게 팔면 뭐가 남을지 걱정될 정도다. 박성배 대표는 "재료가 너무 비싸지면 반찬에서 빼기도 하고, 남을 정도로 장사하니 괜찮다"며 웃는다. 이 집 솔직하다.

청보리 보쌈은 1984년부터라고 간판에 적혀 있다. 가게의 자리가 바뀌고, 이름이 몇 번 바뀌기는 했지만 음식을 만드는 사람은 한결같다. 어머니가 혼자 운영하던 것을 지금은 아들인 박 대표가 함께 꾸려나간다. 요리를 담당하는 어머니는 주방, 박 대표는 서빙을 맡았다.

우선 흰밥과 생선구이로 식사를 시작했다. 조금 먹다가 보리밥에 세 가지 나물을 올리고, 강된장과 고추장을 넣어서 비빔밥을 만들었다. 추어탕이 든든하고 손이 가는 반찬이 많아서 식사가 즐겁다.

주인공인 돼지고기 수육은 적당히 돼지비계가 섞여 부드럽다. 돼지 수육을 올리고 쌈을 싸 먹었다. 고기가 부드러워 살살 녹는다는 표현을 써야겠다.

청보리 정식에 나오는 수육의 양이 적어서 아쉽다면 보쌈 메뉴를 시키면 된다. 강된장과 밥은 따로 주문해야 한다. 청보리 정식과 기본 반찬은 똑같은데 고기의 양이 많아진다.

용호통닭

닭 두루치기 1만8000원, 프라이드
치킨 1만6000원, 내장탕 2만2000
원, 내장두루치기 1만8000원
영업시간 07:00~22:30
(1, 3주 월요일 휴무)
부산 중구 부평2길 39(부평동)
051-246-5932

어린 시절 방학이 되면 시골 외할머니댁에 놀러 갔다. 그때마다 외할머니댁에는 닭이 한 마리씩 줄었다던가. 저녁상에는 닭백숙과 함께 닭의 내장을 넣어서 끓인 내장탕도 올라왔다. 포도알처럼 생긴 노란 알집은 맛있었다.

'용호통닭'은 프라이드 치킨은 기본이고, 다른 곳에서 보기 힘든 닭 내장탕을 40년째 팔고 있다. 김봉관 대표가 어머니로부터 물려받아 2대째 가게를 이었다.

닭 내장탕과 프라이드 치킨을 시켰다. 프라이드 치킨의 겉모습은 그냥 시장 통닭인데 뭔가 다르다. 생닭을 사용하고 양파즙과 생강으로 밑간을 한다. 유난히 고소한 이유는 튀김가루에 견과류를 갈아 넣어 그렇다.

내장과 살코기가 반씩 들어간 반반 메뉴를 시켰다. 이러면 더 맛있게 먹을 수 있다. 내장, 염통, 닭 모래집과 살코기가 들었다.

먼저 내장을 맛보았다. 고소한 맛이 일품이다. 시간이 지나고 국물이 졸아드니 살코기에 양념이 배어들었다. 감칠맛이 나면서 육즙이 가득한 고기는 밥 생각을 불렀다.

다른 곳에서 보기 드문 닭 내장탕을 찾는 손님이 얼마나 있을까. "나이가 좀 있는 손님은 옛 추억을 떠올리며 온다. 아버지와 손잡고 왔던 아들은 아버지 생각에 오기도 한다"고 대답했다.

40년 동안 변함없는 맛으로 그 자리를 지키는 곳이다. 부평시장에 가면 이름 때문에 오해하지 마시고, 닭 내장탕 한 그릇 맛보시라.

원조 비빔당면

비빔당면 4500원
영업시간 10:20~23:00
(비가 많이 오는 날 휴무)
부산 중구 중구로47번길 28(부평동
2가) 051-254-4240

쫄깃하게 삶아낸 당면을 매콤한 양념장, 채소, 어묵 등 고명을 올려 한 그릇 푸짐하게 담아낸다. 왼손으로 비비고~ 오른손으로 비비고~. 다른 지역에서는 보기 힘든 비빔당면, 줄여서 '비당'이라고 부른다.

성양이 씨도 처음에는 당면으로 잡채를 만들어 팔았지만 기름에 볶는 조리법 탓에 느끼했다. 다른 방법으로 먹을 수는 없을까 고민하다가 1963년 참기름, 간장으로 양념한 비빔당면을 만들었다.

그때부터 만드는 만큼 팔리는 장사의 재미가 생겼다. 매콤한 양념장도 35년 전 방식 그대로 유지하고 있다.

며느리 서성자 씨가 이어받은 지는 27년이 되었다. 시어머니의 건강이 나빠지며 혼자 한 지는 15년. 곧 아들까지 3대가 이어서 '비당'을 만들 계획이다. 오랫동안 장사를 하니 손님도 2~3대에 걸쳐서 찾아온다.

비빔당면과 함께 나오는 국물 한 그릇을 만들기 위해서 디포리, 채소, 멸치, 3년 묵은 조선간장 등 좋은 재료를 아끼지 않는다. 육수에 들어가는 멸치는 황태를 말리듯이 3개월간 바짝 말려 사용한다. 국물에서 깊고 깔끔한 맛이 나는 비법이 거기에 있다. 아삭한 맛을 위해서 단무지도 기계가 아니라 직접 손으로 썰어서 쓴다.

갓 삶아내어 탱글탱글 미끌미끌한 당면의 식감이 재미있다. 양념에 묻혀도 면발이 불지 않고 양념이 스미지도 않는다. 투명한 면이 빛을 받아 반짝이더니 입안에서도 거침없이 쑤욱하고 넘어간다. 35원부터 시작한 '비당'이 4500원이 되는 동안의 정성과 자부심을 담았다.

깡통골목 할매 유부전골

사람들이 골목을 막아 지나갈 수가 없다. 맛있는 냄새도 골목 안을 꽉 채우고 있다. '유부 할매'라고 불리는 정선애 할머니가 운영하는 유부 전골 가게 앞 풍경이다.

유부 전골 한 그릇 3800원
영업시간 09:00~21:00
부산 중구 부평3길 29(부평동1가)
1599-9828

정 할머니는 남편 사업이 어려워지면서 1998년에 노점에서 장사를 시작했다. 다른 곳에 없는 메뉴라 조금만 만들어 개당 500원에 팔았는데 인기가 좋았다. 그때부터 맛에 대한 연구를 계속해 2000년에 특허를 받아 지금의 유부 보따리가 완성되었다.

정 할머니는 지금 회장님이 되었다. 서울대를 졸업한 외아들 백종진 씨가 대표가 되면서 저절로 승격됐다.

회장님께 국물의 비법을 묻자 다시마와 가쓰오부시라고 알려준다. 국물 끝맛이 달착지근하면서 시원하고 깊은 맛이 난다.

유부 보따리 속에 든 재료가 푸짐하다. 당면, 각종 채소, 버섯, 고기를 양념과 함께 넣어 유부 속을 만든다. 꽉 찬 유부 보따리는 선물 꾸러미 같다. 노란 유부를 초록색 미나리로 한 번 묶었다. 예쁜 미나리향이 솔솔 올라와 맛에도 보탬이 된다. 국물과 함께 나오는 어묵도 좋은 걸로 골라 쓴다.

할머니의 유부 보따리에 대한 자부심은 대단하다. "장사가 잘 되더니 맛이 변했다는 이야기는 절대 듣고 싶지 않다"고 강조한다.

유부 보따리를 터트려 속 재료를 국물과 함께 뜨고, 간장에 절여진 파 하나 올려서 먹는 게 정석이다.

거인통닭

부산발전연구원이 선정한 2015년 부산 10대 히트상품에 '거인통닭'이 당당히 이름을 올렸다. 거인통닭은 1980년 이순조 씨가 시작해 87년부터 딸 박희숙, 이원재 씨 부부가 맡아 30년 넘게 이어오고 있다.

후라이드 치킨 1만6000원, 양념치킨 1만7000원, 치킨양념반반 1만7000원, 통구이 치킨 1만5000원
영업시간 12:00~20:00
(월요일 휴무)
부산 중구 중구로53번길 3(부평동1가) 051-246-6079

제대로 맛을 보기 위해 '반반'을 시켰다. 거대한 양의 후라이드 반, 양념 반이 나왔다. 대개 치킨집에서 쓰는 1kg 미만 생닭이 아니라 1.3kg짜리 대물이다. 그래서 거인일까?

고소한 카레향이 배어나오는 바삭한 튀김옷에 혀와 뇌가 동시에 백기를 던진다. 이 맛의 첫 번째 비결은 튀기는 방식이다. 가마솥에서 고열을 사용해 옛날 통닭 방식대로 튀긴다. 두 번째 비결은 염지한 생닭을 받지 않고, 직접 양념을 하는 것이다. 염지(鹽漬, 소금과 후추를 뿌려 향미를 증진)한 닭을 받으면 자칫 선도가 떨어질 수도 있기 때문이다.

이원재 씨는 동네 사람들 덕이라고 공을 돌린다. 목욕탕에 가면 동네 사람들이 "거인통닭을 공짜로 홍보해준 값, 손님들에게 길 가르쳐준 값을 내라"고 우스갯소리를 한단다.

이 씨는 "아들이 가게를 이을지는 모르지만 나는 먹고살 만큼만 하면 된다"고 무관심한 척 말한다. 열심히 닭을 튀기느라 쉴 새가 없는 이 씨의 아들 동규 씨는 "가게를 키울 생각보다 아버지가 해오신 것을 성실하게 잘 잇고 싶다"라고 말한다.

오봉실비

"욕심내지 않을래요." '오봉실비' 사장님이 실명을 밝히기를 거절하는 이유였다. 혼자서 다 하다 보니 더 많은 손님이 와도 잘해줄 수가 없다는 이야기였다.

매운탕 6000원, 갈치찌개 6000원, 생선구이 6000원, 납새미 조림 6000원
영업시간 12:00~21:00
부산 중구 중구로 31-10(부평동)
051-245-7255

'오봉식당'이라는 이름으로 장사를 28년 동안 했다. 자리를 옮기고 나서 '오봉실비'로 이름을 바꾼 지 4년이 되었다.

납새미 조림을 시키고 자리에 앉았다. 이 집은 밥을 압력밥솥에 조금씩만 한다. 밥에는 완두콩이 들었다. 지은 지 얼마 되지 않아 밥알도 살아 있다. 납새미 조림은 간이 잘 배었다. 반찬은 무엇을 먹어도 맛있다. 멸치를 된장에 조려 만든 강된장을 함께 나온 쌈과 함께 먹으니 입맛이 돈다.

옆자리 손님은 자리를 잡고 앉더니 밥을 알아서 푼다. 반찬도 담아둔 것을 자기 자리에 가져다 놓는다. 바쁜 것을 알기에 조금이라도 도와주려고 그렇게 한다. 밥을 맛있게 먹었다고 인사하고는 미리 준비해 온 현금을 놓고 나간다.

주변 상인들도 밥을 큰 쟁반에 들고 갔다가 다 먹으면 다시 들고 온다. 단골들은 입을 모아 "맛있는 밥 먹는데 이 정도는 괜찮다"고 이야기한다. 이러니 "욕심내지 않겠다. 지금도 벅차다"는 그의 말이 이해가 되었다.

오랜 단골이 많아 반찬 하나도 허투루 할 수 없어 더 바쁘다고 이야기한다. 경매로 받아 온 생선을 다듬고, 김치를 담그는 손길에는 정성이 가득하다.

베르데108

갈릭파스타 1만1000원, 샐러드피
자 1만1000원, 그릭요거트 샐러드
1만1000원, 세트3-전식·파스타·피
자·탄산음료·후식 2만3500원
영업시간 12:00~21:00
(브레이크 타임 15:00~18:00, 일요
일 휴무)
부산 중구 중앙대로 21(중앙동)
010-8207-1452

부산데파트 뒤쪽편에는 오래된 가로수가 멋진 길이 있다. 여기에 '베르데108(VERDE108)'이라는 근사한 가게가 자리 잡았다. 베르데는 불어로 청록색이라는 뜻이다. 테이블은 고작 3개뿐. 4인용 1개, 2인용 2개가 전부이다. 아담해서 그런지 더 포근한 느낌이 든다.

인기가 많은 세트3을 주문했다. 수프, 파스타, 피자, 후식이 포함되었다. 시작은 고구마 수프다. 고구마의 부드럽고 달콤한 맛이 입맛을 돋워준다. 고소한 치즈가 네 가지나 든 파스타가 다음 순서. 납작한 면을 사용했다. 크림 소스가 듬뿍 묻어 치즈 맛을 즐기기에 좋다. 구운 버섯과 소고기가 곁들여져 있다. 샐러드피자도 바로 나왔다. 따로 샐러드를 주문하지 않아도 된다. 피자 위에 올려진 샐러드를 먹으면 되니까. 얇은 도우로 만든 피자는 샐러드와 함께 돌돌 말아서 먹으면 된다. 메뉴의 구성도 맛도 여성 취향 저격이다.

황필만 대표는 의류디자이너로 일했다. 디자인하듯이 요리를 하는 것이 좋았다. 그래서 두 번째 직업으로 요리를 선택했다며 웃는다.

후식은 커피, 홍차, 요거트 중에서 선택이 가능하다. 직접 만든다는 요거트를 선택했다. 토핑으로 딸기와 꿀이 올려져 있다. 달콤한 마무리로 기분이 좋아졌다.

큰집

정식 1만1900원, 새우장정식 1만
6500원, 꽃게찜 1만3200원
영업시간 11:30~22:00
부산 중구 중구로24번길 19(신창동
2가) 051-245-3320

중구 신창동의 한국전통음식점 '큰집'은 오랜 단골집이다. 가족 모임만 있으면 여기로 정했다. 어르신들이 '큰집'을 그토록 좋아하는 이유를 이번에 알게 되었다. 나이 지긋한 어르신의 입맛은 조미료에 굉장히 예민하다. 여기선 조미료를 거의 쓰지 않아 좀처럼 질리지 않는다.

'큰집'과 함께 근처의 '숟가락젓가락'도 함께 운영하는 배종창 씨 집안은 '레스토랑 패밀리'라고 부르면 되겠다. 배 씨의 딸 지현 씨는 두부 전문 음식점 '두부가', 아들 찬득 씨는 막걸리 전문점 '덕분에'를 인근에서 운영한다. 이게 다 아버지 덕분이 아닐까. 배 대표는 "음식 장사는 인내심이 정말 많이 필요하다"고 조언해주었단다.

자극적이지 않은 '큰집'의 음식을 살펴보자. '먹거리는 정직과 믿음'이라는 글귀를 바닥에 깔아 경영의 기본으로 삼았다. 청정 지역인 전남 영암 쌀로 밥을 짓고, 삼랑진 김차선 농부의 태양초 고춧가루와 질 좋은 국산 배추, 무, 국내산 천일염과 젓갈을 이용해 매일 김치를 담근다. 참기름도 직접 짜서 사용한다. 지리산에서 받아 온 도토리묵은 탱글탱글해서 좋다.

내가 먹는 음식이 어디서 왔는지 알고 먹으니 마음이 놓인다. 짜지 않은 게장은 이전부터 진하게 사랑했다.

큰집에선 연말마다 '늘사랑 가족 봉사 바자회' 행사를 비롯해 좋은 일에 앞장선다. 배 대표는 "술잔도 차면 마셔서 없애야 또 부을 수 있다. 풀어놓아야 다른 무언가가 채워진다"고 말한다.

카이센

점심 특선 세트: 스시 1만~1만
6000원, 덮밥·우동 7500~1만3000
원, 저녁 스시코스 1인 2만5000원,
모둠 사시미 3만5000원, 연어 사시
미 2만5000원, 나가사끼 짬뽕 1만
7000원
영업시간 11:00~01:00
(토·일요일 17:00~24:00)
부산 중구 해관로 51-1(중앙동)
051-442-1511

중앙동의 '카이센(海鮮)'은 점심에는 직장인들이 초밥 위주의 가벼운 식사를 위해서 찾는 레스토랑, 저녁에는 모던한 이자카야로 변신한다

점심에 가서 특선 A코스 초밥을 시키니 초밥 11점과 크로켓, 우동, 디저트가 같이 나온다. 이러면 거의 코스 요리처럼 먹는 것이다. 카이센(海鮮)은 신선한 해산물이라는 뜻이다. 재료만큼은 신선한 것을 사용하겠다는 의지가 읽힌다.

새우튀김덮밥의 튀김옷은 딱 먹기 좋은 정도다. 덮밥에는 '후리가케'가 뿌려져 밥을 먹다 보니 옛날 생각이 스멀스멀 올라왔다.

추억이 깃든 중앙동에서 술 한잔 하면 좋겠다 싶어 저녁에 다시 한번 찾았다. 한치 무침 같은 것이 찬으로 올랐다. 한치를 명란에 비벼 이름이 '명란 한치 회'란다. 이런 센스가 맛을 돋운다.

안주로 노르웨이산 숙성 생연어로 만든 연어 사시미를 시켰다. 연이가 입인에서 부드럽게 녹자 하루의 스트레스도 함께 녹는다.

대패삼겹살 숙주 볶음은 불향이 좋다. 마무리로 매콤한 나가사끼 짬뽕을 시켰다. 시원하고 감칠맛 나는 국물이 하루를 마무리해준다.

카이센 오두환 오너 셰프는 영도 목장원의 '싱싱회' 담당으로, 또 달맞이언덕의 일식당 '미타키'에서 일했다.

스완양분식

세 가지가 없고
세 가지가 많은
'삼무삼다(三無三多)'의
마을이 있다. 없는 것은
마당, 햇빛, 바람이고
많은 것은 노인, 빈집,
공동화장실이다. 도심
속 섬과 같은 부산 동구
범일 5동 매축지 마을로
시간 여행을 떠났다.

매축지는 일제 강점기에 바다
를 메워 뭍을 만드는 매축 공사
로 탄생했다. 그 뒤 일본인들이
말을 키우던 축사였다, 한국전쟁
뒤 피난민들이 축사를 고쳐 살며
현재의 마을이 만들어졌다.

매축지는 처음 온 사람이라면 길
을 잃을 수밖에 없는 좁은 미로
같다. 할머니들이 양지바른 곳에
서너 명씩 나란히 앉아 도란도란
이야기를 나눈다. 어슬렁거리는 동네 고양이는 이
방인의 출현을 흘끗거리고. 신기하게도 벽시계를
집 안이 아니라 골목에 걸어둔다. 이 마을엔 안과
밖의 구분이 없나 보다. 미로에서 길을 잃은 시간
마저 천천히 흘러간다.

사람이 사는 곳이니 당연히 밥집도 있다. 매축지답
게(?) 이름이 없는 '무명 식당'도 종종 보인다. 외관

만 보고 실망하기는 이르다. 지금은 거의 사라진
옛날식 돈가스로 행복을 선사하는 '스완양분식'을
찾았다.

"이렇게 알려지면 힘들어져서 안 돼. 손님이 몰리
면 정신만 없지, 단가가 약해서 매상도 별로 안 오
르거든. 우린 아이들이 다 커서 용돈만 벌면 돼." 매
축지에서 가장 유명한 맛집 '스완양분식'의 홀 담당

돈가스·오므라이스·김치볶음밥·오징
어덮밥 5000원, 함박스테이크·비후
가스 6000원
영업시간 11:30~20:00(일요일 휴무)
브레이크 타임 15:00~17:00
부산 동구 성남이로 22(범일동)
051-634-2846

백말임 씨가 진지하게 이야기했다. 활달한 성미의 백 씨는 주방을 책임진 남편 제경률 씨와 25년째 매축지에 둥지를 틀고 있다.

그래도 스완양분식을 꼭 소개해야 하는 이유가 있다. 돈가스를 시키니 무척이나 당연하게도 수프가 나왔다. "그래 이게 제대로 된 돈가스를 먹는 순서야!" 수프가 힘든 속을 위로하니 중고등학교 시절의 추억이 살아났다.

양식과 중식 자격증을 가진 제 씨가 수프를 직접 만들기에 전통을 지켜올 수 있었다. 스완양분식은 수프, 소스, 드레싱까지 모두 직접 만든다. 사람들이 찾아오기 힘든 매축지까지 와서 줄 서는 이유가 있었다.

돈가스의 고기는 동글 넓적하다. 전용 망치로 등심을 일일이 두들겨 펴서 만든 것이다. 덕분에 고기는 연해서 맛이 나고 제 씨의 어깨는 맛이 가버렸다. 맛난 음식 먹을 때는 진짜 사랑하는 사람 생각이 난다. 그래서 한 번 먹고 다음에 꼭 가족들과 오는 사람들이 많다. 추억의 돈가스에 다들 입이 귀에 걸렸다. 추억의 돈가스와 매축지는 스완양분식의 부부처럼 잘 어울리는 한 쌍이다.

원빈이 출연한 영화 '아저씨'를 이 건물 위층에서 찍었다. 그 뒤 원빈이 먹고 간 돈가스라는 소문이 났는데, 사실 원빈은 함박스테이크만 두 번 먹고 갔단다.

백 씨는 "옛날에는 이 동네에 아이들이 바글바글했는데 지금은 절반이 빈집이 되었다. 밖은 좋아지고 여긴 옛날 그대로다. 우리 가게도 예전에는 깔끔한 느낌이라 스완(백조)이라고 이름을 지었다"고 말했다. 오므라이스도 진짜 맛있다. 오므라이스가 처음 탄생했다는 일본 오사카의 오므라이스집에 갔을 때도 여기 생각이 더 많이 났다. 가게도 매축지답지 않게(?) 깔끔하다.

양지추어탕

추어탕 6000원, 추어 국수 6000원, 미꾸라지 튀김 2만원, 아귀찜 2만원
영업시간 11:00~20:00
부산 동구 중앙대로371번길 70-4(수정동) 051-467-3924

마당에 걸려 있는 큰 가마솥에다 합천에서 가져온 미꾸라지를 아침마다 삶아낸다. 일일이 체에 걸러 맛이 쓴 내장과 뼈를 분리한 후 얼갈이배추를 넣어 다시 한번 푹 끓인다. 이렇게 하면 국물이 탁해지지 않고 미꾸라지의 살도 살아난다.

뚝배기에 나온 추어탕은 비린 맛과 잡내가 전혀 없다. 제피(초피), 마늘, 청양고추를 넣으면 더 맛있다. 가장 인기 있는 반찬은 내장을 뺀 명태를 반건조시킨 코다리로 조림을 한 것이다.

이병현, 장복희 부부는 수정시장에서 20년 넘게 그릇 가게를 했다. 가게를 그만두면서 무엇을 할까 고민을 하다가 떠오른 것이 추어탕이었다. 부부는 추어탕을 좋아해 여름이면 큰솥에 한가득 끓여 이웃과 나누어 먹었다.

아내인 장 씨는 사랑하는 사람을 위해서 요리한다는 생각으로 아침마다 주방에 선다. 서빙을 담당하는 남편 이 씨는 단골에게 안부를 묻고, 모자라는 반찬이 없는지 챙긴다. 이렇게 따뜻한 마음이 전해지니 먹고 나면 속이 편안하다. 옥상에는 가지와 여주를 키우고 있다. 어쩌다 한두 번이라도 직접 기른 것을 손님상에 내고 싶어 그렇게 한다.

양지탕

가게 이름도 '양지탕', 가장 인기 있는 메뉴도 양지탕이다. '양지'는 소 몸통의 앞가슴부터 복부 아래쪽의 살코기 부위다. 육질이 치밀해 탕으로 끓이면 진한 맛이 난다.

양지탕 7000원, 갈비탕 8000원, 도가니탕 9000원, 양지 수육 2만원, 도가니 모둠찜 3만원
영업시간 11:00~21:30
(2, 4주 토요일 휴무)
부산 동구 수정로 9-1(수정동)
051-466-8841

뚝배기에 담긴 뜨거운 국물에서 구수한 고기 냄새가 난다. 고기도 넉넉히 들었다. 국물 한 숟가락을 떠서 입안 깊숙이 넣었다. 누린내가 없다. 고기를 제대로 삶아내어야 나는 맛이 난다. 얌전하면서도 감칠맛이 나는 국물이다. 후루룩 소리를 내며 고기 육수의 간이 밴 국수를 먼저, 다음엔 밥을 말았다. 국물과 어울린 밥은 달면서 고소하다. 변함없이 나오는 깍두기, 배추김치, 된장 고추지, 부추 무침은 양지탕과 가장 잘 어울리는 4총사다.

이영수 대표는 항상 주방을 지킨다. 가게를 시작하고 5년이 넘게 육수통의 불을 한 번도 꺼본 적이 없다. 가게가 쉬는 날에도 나와서 육수통을 지켜본다. 그동안 육수통에 들어간 고깃값만 해도 억대가 넘는다며 웃는다. 육수 가격이 가치를 따질 수 없다는 뜻이겠다.

맑은 육수를 내기 위해 양지 부위와 약재 9가지를 넣는다. 인삼, 대추도 들어가지만 가장 중요한 재료는 둥굴레다. 둥굴레는 고기의 누린내를 잡아주고 구수한 맛을 낸다. 육수를 진하고 맛있게 내는 비결은 고기를 많이 넣는 것이다. 우직한 고깃국물은 우연히 나온 것이 아니었다.

대청

범일동 현대백화점에 볼일이 있어 갔다가 '대청'에서 우연히 밥을 먹었다. 횡재한 느낌이 들었다. 그 이후로는 현대백화점에 갈 때는 물론이고 식사시간이 되면 일부러 찾아가는 집이 되었다. 화려한 상차림이나 특별한 반찬이 기다리지는 않는다. 하지만 어떤 메뉴를 시켜도 맛이 있다.

곤드레 버섯 알밥 1만2000원, 해물 버섯 들깨탕 1만1000원, 대구탕 1만2000원, 전복죽 1만8000원
영업시간 10:30~22:00
(백화점 휴무일 휴무)
부산 동구 범일로 125 현대백화점 9층(범일동) 051-667-0933

인기 메뉴는 '해물 버섯 들깨탕'과 '곤드레 버섯 알밥'이다. 고소한 들깨탕에는 먹기 좋은 크기로 손질된 버섯이 가득 들었다. 들깨의 고소함과 잘 손질된 버섯의 향이 좋다. 한 그릇 먹고 나면 소화도 잘되고 든든하다.

곤드레 버섯 알밥에는 밥보다 곤드레나물이 더 많이 보인다. 재료를 아끼지 않는 집이다. 김정현 대표가 강원도 산지에서 좋은 재료를 구해서 직접 다 다듬었다. 반찬도 제철 재료로 맛있게 만들어 자꾸만 손이 간다. 이러니 대청의 오래된 팬이 많다.

김 대표가 대청을 운영한 지도 20년이 다 되어간다. 하지만 가게에서 그의 얼굴을 보기는 쉽지 않다. 아침에 시장을 보는 일을 시작으로 가게에 도착하면 마치는 시간까지 주방에서 나오지 않기 때문이다. 맛있는 음식을 만드는 데만 집중을 하는 거다. 최근에는 두 아들도 함께 출근한다. 둘째 아들은 같이 주방에서 요리를 만들고, 첫째 아들은 홀을 담당한다. 쉬는 날에는 두 아들과 함께 "공부하러 가자"며 맛집 탐방에 나선다.

범일동 원조 자연산 장어구이

자연산 장어구이 1kg 3만5000원
공깃밥 1000원
영업시간 12:00~22:00
부산 동구 자성공원로 3번길 23-3(범일동) 051-635-6503

범일동 원조 자연산 장어구이 박미화 대표의 남편은 예전에 장어 배를 했다. 이왕 잡아 오는 장어로 작은 가게나 해보자는 생각으로 가게를 시작했다. "맛있다. 부산에서 최고다"라는 손님 말에 으쓱해져서 어느새 세월이 이렇게 흘렀다. 감만동에서 10년, 범일동으로 나온 지가 20년이 되어 간다.

박 대표는 이제 장어만 보아도 맛있는지 아닌지를 구별할 수 있는 경지에 올랐다. 하루에 장어는 80kg 정도 들어온다. 좋은 장어가 들어온 날이면 그도 꼭 몇 마리(?)는 먹는단다. 지금은 예전에 같이 장어 배를 하던 지인에게서 매일 장어를 사 온다. 다른 가게가 장어를 구하기 힘들어도 장어가 떨어지지 않는 비결이다.

부추, 쑥갓 등 채소가 가득 차려지더니 겉절이와 생강, 마늘 등 간단한 밑반찬이 깔린다. 장어를 열심히 굽는다고 구웠다. 하지만 애꿎은 연기만 일으키는 우리 테이블로 박 대표가 왔다. 그가 손을 대자 신기하게 연기는 사라졌다. 채소 겉절이가 나왔을 때 초장 같은 소스를 뿌려주었다. 구워진 장어에도 그 소스를 묻혀 다시 구워준다. 장어가 입안에서 사르르 녹아버린다. 소스가 이 집의 인기 비결이다. 가끔 소스를 알아내려고 통째로 들고 가는 손님도 있다. 그러나 유감스럽게도 아직 알아낸 사람은 없는 듯하다. 장어구이를 먹고 나서 밥을 시키자 장엇국, 밥과 김치가 나온다. 들깻가루가 듬뿍 든 국에 밥 한 그릇 말아서 김치와 함께 먹으니 개운하다.

손큰집

소고기 버섯전골 2만원~3만원, 두
루치기 6000원, 된장찌개·김치찌
개 정식 5000원, 보리밥 5000원.
영업시간 09:00~21:30
(일요일 휴무)
부산 동구 성남로 좌천동 68-560
051-642-1717

매축지를 둘러싼 큰길에 위치한 '손큰집'에 가니 반찬들이 눈을 초롱초롱 뜨고 서로 "날 드시라"며 경쟁적으로 광이 났다. 알고 보니 매일 새벽 5시 매축지 새마을금고 앞에서 열리는 새벽시장에서 장을 본 덕분이다.

매축지 밥집에는 어딜 가도 구운 생선 몇 마리가 올라와서 좋다. 누추한 곳을 찾아준 데 대한 감사의 뜻이라고나 할까.

'손큰집'은 소고기 버섯전골로 이름이 났다. 겨울을 알리는 비가 오는 날 느타리와 새송이버섯이 듬뿍 든 소고기 버섯전골을 안주 삼아 반주를 했다. 보글보글 끓는 전골이 목구멍에 흘러내리니 꼭 따끈한 사우나에 들어온 기분이다. 열심히 살아야겠다는 의지 같은 것이 샘솟는다.

전골을 어느 정도 먹었으면 마무리로 라면이나 칼국수 사리를 넣으면 좋다. 푸짐한 버섯 육수에 면이 들어가니 얼마나 더 맛나질까. 라면 사리 위에 새로 파와 버섯을 듬뿍 올려주니 푸짐한 라면이 되었다. 매축지에서 먹는 정성 가득한 라면, 마다하기 어렵다.

김화경 대표는 처녀 시절 모친으로부터 항상 손이 크다는 이야기를 들었다. 그 손 덕분인지 가게에 손님이 한 번 오면 발을 끊지 않고 계속 온다. 겨울에는 시원한 동태탕, 여름에는 반찬이 8가지나 나오는 보리밥이 인기다. 매축지라 더 깨끗하게 내려고 노력한다. 가게를 아침저녁으로 청소하고 수저와 컵도 삶아서 낸다.

미조

머리가 큰 대구는 입도 크고 볼에도 살이 많다. 이 쫄깃한 대구의 볼살을 찾아나섰다. 동구 수정동의 '미조'에는 간판이 안 보이고 '미조, 맛을 만들다'라는 글귀만 보인다.

대구뽈찜 소 1만8000원, 중 2만 5000원, 낙지찜 소 2만원, 대구탕 8000원
영업시간 10:00~22:00
부산 동구 진성로28번길 27-1(좌천동) 051-611-3237

김난희 대표는 대연동에서 유명했던 '미정 아구찜'을 했다. 경력으로 말하면 14년째다. 한때 '미정'의 단골이었다. 김 대표는 기억이 나지 않지만 맛은 떠올랐다. 매일 달라지는 반찬이 다른 곳보다 푸짐하다. 그날 좋은 재료가 있으면 그것으로 장을 보아서 만든다.

기다리던 주인공인 대구뽈찜이 나왔다. 그냥 보면 콩나물과 양파 볶음밖에 보이지 않는다. 빨간 양념 속에 양파와 윤기가 흐르는 콩나물이 들었다. 잘 섞이도록 양념장을 비벼줬다. 비비는 젓가락 사이로 대구의 하얀 살점이 부서진다. 이 감칠맛 나는 양념과 쫄깃한 대구살 한 점이면 행복해진다.

쫄깃한 대구의 식감과 달콤하면서 매콤한 양념의 조화에 엄지손가락이 저절로 올라간다. 양념장은 정량으로 맞춰서 나오고 추가는 되지 않는다.

비법 소스가 궁금해 뭐가 들어가는지 물었다. 평소에 생각하는 맛있는 것은 다 들어갔다. 소스 끝에 생강 맛이 나서 개운하게 입안을 정리해준다. 적당히 매우면서 깔끔한 맛이다.

뽈찜과 함께 나온 대구탕 국물은 시원하다. 대구 머리를 넣고 끓여낸 국물이다. 덤으로 나온 국물이라고 하기에는 맛이 깊다. 매콤한 대구뽈찜과 감칠맛 나는 대구탕 국물의 조합이 매력적이다.

돌집

건물과 건물 사이로 좁은 골목이 보인다. 그 좁은 골목으로 사람들이 계속 사라진다. 호기심에 골목 안을 들여다보았다. 그 골목 시작점에 '돌집'이라는 간판이 걸려 있다.

순두부정식 7000원, 돌집 정식 7000원, 제주 암퇘지 오겹살 130g 9000원(14:00 이후 주문 가능), 볶음밥 2000원, 김치 칼국수 3000원
영업시간 11:30~22:00
(일요일 휴무)
부산 영도구 남항로 26-7(남항동)
051-412-6670

조금 이른 저녁 시간에 겨우 자리를 잡으니 투명한 고기 불판인 '수정 불판'이 눈에 띈다. 여기다 구워 먹는 제주 암퇘지 오겹살 맛이 궁금해 정식과 같이 주문했다.

먼저 순두부 정식이 차려졌다. 조미하지 않은 김에 밥을 싸서 간장에 찍으니 고소해서 맛있다. 생선조림, 김, 돼지 불고기를 뺀 나머지 반찬은 늘 바뀐다. 장은 매일 아침 조순금 대표가 직접 본다. 자갈치에서 생선, 영도 남항시장에서 채소와 그 외의 것을 구입한다.

다른 집보다 밥 양이 많은데도 예전보다 줄어든 것이라고 했다. 고기를 시키면 채소쌈이 나와도 너무 많이 나온다. 종류도 15가지나 된다. 돌집은 특이한 방침이 하나 있다. 채소가 비쌀 때 아끼지 말고 더 많이 내는 것이다. 17년째 돌집을 운영 중인 조 대표가 손님 입장에서 느낀 점을 가게에 적용했다. 직접 담근 장아찌도 이 집의 별미로 이름났다. 수정불판에서 노릇하게 익은 고기와 채소쌈, 좋은 재료로 만든 반찬까지 젓가락이 바쁘다. 종업원도 친절하고 '하하 호호' 즐겁다. 즐거운 곳에서 맛있는 식사는 행복한 일이다.

일미정

초량 인창병원 정문에서 멀지 않은 곳의 '일미정'은 40년 동안 한자리를 지키고 있다. 이 주변에서 회사생활을 했던 직장인이라면 "아! 그 집"이라고 말한다. 오랫동안 많은 단골의 지지를 받는 데는 다 이유가 있다.

일미 정식 7000원, 낙지볶음 9000원, 간장게장 9000원, 한정식 2만원(하루 전 예약)
영업시간 11:30~21:00
(일요일 휴무)
부산 동구 고관로29번길 14-1(수정동) 051-468-6248

자주 먹는 메뉴는 '일미 정식'이다. 시금치나물, 두부 조림, 샐러드, 멸치볶음, 미역 나물, 어묵볶음, 버섯나물, 생선구이, 된장찌개 등 10여 가지 반찬이 차려진다. 기름지지 않게 잘 구워진 생선은 1인당 한 마리다. 된장을 넣어 맛있게 끓인 시래깃국에는 매생이도 들어 별미다. 며칠을 연달아 가도 기본 반찬 한두 가지를 제외하고는 매일 달라지는 반찬 덕에 질리지 않고 먹을 수 있다.

정식 메뉴 다음으로 즐겨 먹는 것은 '낙지볶음'이다. 통통하게 살이 오른 낙지와 당면이 먹음직스럽게 볶아져 나온다. 낙지볶음 전문집이라고 해서 갔는데 양파만 가득한 여느 집보다 훨씬 좋다.

일미정은 김보금 대표가 가족과 함께 운영한다. 매일 이른 아침 장보기로 하루를 시작한다. 제철의 좋은 재료를 골라 온다. 그리고 가게로 출근해 그날 사용할 반찬을 만든다. 바로 만들지 않은 것이 하나 있으니 묵은지다. 갓 담근 김치 같은 상큼함이 없지만 한번 맛을 보면 올 때마다 찾게 된다. 겉보기와 달리 아삭함이 살아 있다. 묵은지의 깊은 맛이 좋은 한 끼의 깊이도 더해준다. 일미정의 음식은 간이나 양념이 세지 않다. 먹고 난 뒤 속도 더부룩하지 않다.

미정

'미정'은 중구 신창동 국제시장
부근에 있을 때부터 알았다. 특별히
뭘 먹을까 고민하지 않아도 제철
음식이 알아서 척척 나오는 게
신기했다. 여기저기 각종 요리책이
빼곡해 주인장의 음식에 대한 애정이
대단하다는 사실을 엿볼 수 있었다.

그때도 묵은지가 맛있다고 했더니 박옥희 대표가
"나중에 제대로 음식점을 할 생각으로 사둔 영도의
땅에 포클레인을 이용해 김칫독 10개를 파묻었다"
고 말했다. 배포가 큰 여장부라고 생각했다. 그 뒤
미정이 문을 닫아 아쉬워하다 영도에 새로 가게를
열었다는 소식을 듣고 찾아갔다.

"혹시 여기가 그 김칫독 파묻던 자리인가요?" 그랬
다. 가게를 비워줄 수밖에 없어 새로 영도에 자리
잡았단다. 당장 오늘 먹고살기가 힘들어도 조금씩
미래를 위해 준비해야겠다.

도다리쑥국을 참 잘하는 미정은 봄만 되면 생각나
는 곳이 되었다. 쑥이 든 시퍼런 국물에 허연 도다
리의 속살, 그 속에 빨간색 고추로 점을 찍은 모습
은 한 폭의 동양화였다. 도다리쑥국은 시원하고 깔
끔했다. 먹고 나니 몸속에 봄의 기운이 들어와 생
기가 돌았다.

'미정'의 코스 메뉴로 광어, 도다리, 감성돔의 생선
회 3종 세트, 피조개, 낙지호롱, 초밥용 밥, 꼬막 등
이 나왔다.

저녁 시간에 술 한잔 할 장소를 고민하다 미정을

생선회 코스 3만5000원, 점심 특선 2만원, 가자미 구이·조림 1만2000원, 매운탕 1만2000원, 도다리쑥국 1만5000원
영업시간 11:30~22:00(일요일 휴무)
부산 영도구 태종로 298(청학동) 부산항대교 영도램프 끝 지점 051-242-6100

찾았다. 생선회 코스를 시키고 낮과 다른 모습을 기대했다. 겨울 바다를 대표해 광어, 도다리, 감성돔 회 3종 세트가 올랐다.

고기는 칼질에 따라 식감이 다르다. 이 집 칼질은 많이 달랐다. 도다리는 길게 썰고, 감성돔은 뭉텅이로 썰었다. 생선의 근육질에 따라 썰기를 달리한다. 여기 단골은 듬성듬성 썰었을 때 씹히는 식감을 좋아한단다. 취향에 따라 이렇게 음식이 달라진다. 생선회는 매일 자갈치시장에서 쓸 것만 가져와 1시간가량 숙성시켰다. 초밥용 밥이 따로 나오는 것도 특징이다. 뭉툭하게 썬 회에 초밥을 직접 싸서 먹는 맛도 별미다.

새콤한 묵은지 맛은 변함이 없다. 묵은지 속 유산균 덩어리가 목구멍을 신나게 넘어간다. 일찌감치 10월에 육질이 단단한 고랭지 배추를 골라 담근 김치다. 이런 김치 1000포기가 옥상 저온창고에서 잠을 자고 있다. 옥상에는 배추, 상추, 파는 물론이고 여름에는 수박까지 영도 바닷바람을 맞으며 자란다. 어쩐지 파까지도 맛있다고 했다.

반찬으로 나온 가자미식해와 명태조림이 반갑다. 매실 장아찌는 어떻게 했길래 이렇게 부드러울까. 고소한 갈치구이와 달착지근한 가자미조림도 맛나다. 식사는 도다리쑥국과 생대구탕 중 선택인데 둘 다 놓치고 싶지 않아서 고민이 됐다. 겨울을 먹을 것인가, 다가올 봄을 먹을 것인가, 이것이 문제로다.

단골인 이정원 한의사는 "국이 짜지 않고 음식이 담백해 먹고 나면 속이 편해서 좋다"고 말한다. 생선회의 어종 선택이 괜찮고, 간은 슴슴해서 영도에 걸맞은 곳이다. 박 대표는 "영도에 처음 와서는 고생했지만 음식 만드는 게 즐거워 즐기면서 일한다"고 말한다.

목장원

'목장원'은 소를 키우던 목장으로 시작했다. 1985년부터 목장원이라는 이름으로 고깃집을 열었고, 맛있는 숯불갈비로 오랫동안 이름을 알렸다.

한우 양념구이 130g 2만6000원,
한우 등심 110g 2만9000원
영업시간 11:30~22:00
부산 영도구 절영로 355(동삼동)
051-404-5000

테이블 위에는 신동우 화백이 그린 옛 영도대교의 모습이 프린트되어 깔려 있다. 주문을 하고 나니 장뇌삼이 인원수대로 나온다. 인삼 특유의 향과 쌉싸름한 맛이 입맛을 돌게 한다. 한우 등심과 갈빗살에는 마블링 꽃이 피었다. 잘 구워진 고기는 육즙이 가득하고 고소한 맛이 일품이다.

파라다이스호텔 부산 총주방장 출신의 옥형만 상무는 "목장원은 육부장의 권한이 막강하다. 고기가 마음에 들지 않으면 바로 반품한다"고 설명한다. 경남권 전문 유통업체 3곳을 선별해 고기를 가져오고, 15일에서 20일 정도 숙성 기간을 거쳐 내놓는다. 오랜 명성은 다 이유가 있는 법이다.

식사로 주문한 보리 냉면은 면발이 쫄깃하고 육수는 새콤해 고기를 먹은 뒤 잘 어울리는 맛이다. 1인분씩 나오는 된장찌개도 들어가는 재료를 아끼지 않아 맛이 있다.

목장원에 가면 반가운 얼굴이 있다. 예전 목장원 대표였던 류춘민 고문이다. 오래된 단골은 변함 없는 그의 인사가 반갑다. 류 고문은 쉬는 시간에 청소는 물론이고 손님과 소통하려 노력한다. "맛있게 드셨느냐?"며 몇 번씩 물어본다.

멍텅구리

빙장회, 문어와 새우, 가오리 무침,
두루치기, 꼼장어, 장어구이 각 2만원
영업시간 12:00~22:00
부산 영도구 절영로93번길 11(영선
동) 051-415-2421

'엉터리'에서 자리를 옮기고 상호를 '멍텅구리'로 바꾸었다. 들어보니 사연이 있다. '멍텅구리'가 더 자기를 자책하는 것 같아 마음이 쓰인다.

과거 '엉터리'라는 상호의 유래에 대한 해석은 여러 가지가 있다. 음식이 나오는 순서도, 메뉴도 정해진 것이 따로 없으니 그게 엉터리 아니냐는 이야기도 한다. 부끄럽다며 이름을 밝히기를 한사코 거부하는 사장님은 "우리 남편이 그냥 지은 거다"라며 온갖 해석을 일축했다. 포장마차부터 시작해 멍텅구리가 5번째 가게이고, 경력으로는 30년이 넘었다.

'단디 무라'라고 적힌 메뉴는 어떤 것을 골라도 각 2만 원이다. 술안주로 더 좋은 이 집의 메뉴는 전체 양은 같지만, 구성과 비중은 달라지기도 한다. '문어와 새우'의 경우 오늘 문어가 많으면 새우가 적게 나오는 식이다.

주문도 하기 전에 기본 상이 먼저 차려진다. 홍합과 미역을 넉넉히 넣고 오랫동안 끓인 홍합미역국이 나왔다. 주문한 빙장회도 나왔다. 얼음 마사지를 받아 식감이 쫀득쫀득하다. 횟감은 계절과 그날 장보기에 따라 달라진다. 마늘, 막장, 초장, 고추냉이, 고추, 참기름, 깨소금이 환상적인 비율로 든 장은 무엇을 찍어도 맛없기 힘들겠다.

생선 통마리가 든 맛있는 매운탕이 무료다. 문어 숙회는 탱탱하게 잘 삶았다. 참기름장에 찍어 먹으니 맛이 달다. 큰 솥에 든 매운탕도 서비스로 나왔다. 빨간고기와 잡어를 통째로 넣어서 끓여 국물이 얼큰하다. 주당들의 파라다이스로 불리는 이유를 알 것 같았다.

"

대우회센타

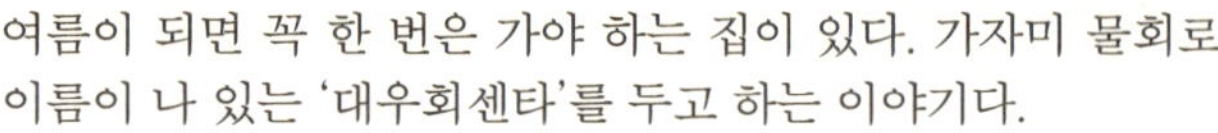

여름이 되면 꼭 한 번은 가야 하는 집이 있다. 가자미 물회로 이름이 나 있는 '대우회센타'를 두고 하는 이야기다.

물회 1만3000원, 가자미 회 5만원
영업시간 09:00~21:00
(2, 4주 일요일 휴무)
부산 영도구 태종로95번길 41(봉래동) 051-412-6336

가자미 물회에는 채 썬 배추와 배, 당근, 참가자미 회가 수북이 담겨 나왔다. 여기 가자미 물회는 고추장과 식초를 넣고 쓱쓱 많이 비비는 것이 맛있게 먹는 방법이다. 회가 다 비벼지면 깻잎이나 상추에 올려서 쌈을 싸 먹으면 된다. 가자미 회 자체가 부드러워 입안에서 사르르 녹는다. 비빈 회를 반 정도 먹다가 육수를 부어서 그때부터 말아 먹는 점이 특색. 그러면 고소한 참가자미 오차즈케 같은 맛이 난다.

일행 중에 회를 물에 마는 게 싫다고 하는 사람도 있다. 그러자 영도에서 25년째 '대우회센타'를 운영하는 신송문 대표는 "정말 맛난 육수를 만들려고 3년 동안 전국의 맛집과 한의원, 약재상을 찾아다녔다. 육수 한 잔을 마셔보라"며 권한다. 대추, 감초, 칡 등 20가지 넘는 약재를 넣어서 사흘을 달였다. 속이 편해질 거란다. 필요한 장과 매실액도 직접 담근다.

"손님 숟가락 내 숟가락도 따로 구분해본 적이 없다. 내가 먹을 수 있는 것, 쓸 수 있는 것만 내놓는다"고 자신 있게 말한다.

가자미는 죽으면 살이 빨리 물러지는 생선이라 주문이 들어오면 바로 썰어 내야 한다. 정성으로 만든 물회 한 그릇을 먹고 나니 보약을 먹은 것 같은 기분이 든다. 겨울철에는 붕장어탕과 돌가자미 회가 인기이다.

착한 음식 나와라 '뚝딱'

신맛·쓴맛·매운맛·단맛·짠맛을 이르러 오미(五味)라고 한다. 2015년 우리를 울리고 웃긴 먹거리를 오미와 연결지어 정리해보았나.

가장 먼저 신맛에는 '비타500'이다. 2015년 봄 이완구 국무총리는 성완종 리스트에 이름이 오르며 두 달 만에 사퇴하고 만다. 성완종 측에서 비타500 상자에 오만 원권으로 차곡차곡 3000만 원을 담아 전달했다는 것이다. 뜻밖의 관심으로 비타500 판매량이 급증하며 제조사인 광동제약 주가 또한 뛰었다. 이 웃지 못할 해프닝은 뒷맛이 참 두고두고 시큼씁쓸했다.

쓴맛에는 역시 소주다. 안 그래도 쓴 소주가 연말에 가격까지 올라 더 인상을 쓰게 만들었다. 쓰린 속을 소주로 달래온 서민들은 이제 소주가 비싸니 맥주를 타서 먹어야 할까. 과일소주 열풍도 사그라지고 있단다. 이런 도수 낮은 소주 가격은 왜 내리지 않고 그대로인지 모르겠다.

오뚜기식품의 진짬뽕이 진정한 매운맛이다. 오뚜기가 10월에 출시한 진짬뽕의 판매량이 2개월 만에 2000만 개를 돌파, 2015년 국내 라면 시장 최고 히트제품이 되었다. 그보다 놀라운 점은 오뚜기에는 비정규직 직원이 단 한 명도 없다는 사실이다. 오뚜기는 대형마트 시식 사원 1800여 명이 모두 정규직이다. 오뚜기 측은 "시식 사원을 정규직으로 뽑은 결과 제품에 대한 애정이 훨씬 높아져 회사 차원에서 오히려 큰 덕을 보고 있다"고 말한다.

단맛은 백종원의 설탕이다. 2015년은 '슈가보이' 백종원의 해였다고 말해도 과언이 아니다. 하지만 그의 설탕 사랑은 지나친 느낌이다. 백 씨가 부산에 왔을 때 만나러 간다고 하니 주부 한 분이 "집에서 요리할 때도 설탕을 그렇게 많이 넣느냐"고 물어봐 달라고 했다.

짠맛은 창원의 몽고간장이다. 몽고식품 회장이 운전기사에게 상습적으로 폭행과 폭언을 했다는 사실이 알려지면서 몽고간장은 식겁 잔치를 하고 있다. 좋은 소금의 짠맛은 달고, 나쁜 소금의 짠맛은 쓰다. 앞으로 간장 고를 때면 회장님 얼굴이 먼저 떠오를 것 같아 걱정이다.

2015년 한 해 요리 프로그램이 대세였다. 개인적으로는 참 심심한 프로그램 '삼시세끼'를 즐겨 봤다. 농사짓고 낚시하는 무미건조(無味乾燥)한 일상이 흥미로웠다. 여기 나온 사람들은 한결같이 심성이 착하고, 그 성품은 드러나기 마련이라는 사실을 뒤늦게 깨달았다. 착한 음식, 착한 사람, 착한 기업이 사랑을 받는 것은 당연한 일이 아닐까. 그 반대라면? 평판이 나쁘면 바로 '아웃'이다.

부산진구 · 연제구

급행장

부산에서 소고기 맛을 가장 잘 아는 사람이 누굴까? 부산지역 소고기 전문점들을 통해 알아본 결과 이구동성으로 손재권 씨를 지목했다. 심지어 어머니 뱃속에서부터 고기 냄새를 맡고 성장한 사람이라고 했다.

손 씨는 부산·경남지역을 통틀어 처음 문을 연 소갈비 집 '급행장'의 2대째 대표다. 급행장은 그의 선친 손남출 씨가 지난 1950년 한국전쟁이 나기 직전에 서면 복개천에서 소갈비집으로 문을 열면서 시작됐다. 쇠고기를 빨리빨리 요리해 낸다는 뜻에서 '급행장'이라는 간판이 붙었다.

손 대표는 이 전통을 지키는 방법은 고기의 질밖에 없다고 생각한다. 그래서 급행장은 안거미, 제비추리 등 몇몇 특수 부위만 거세우를 사용할 뿐, 그 외에는 오로지 한우 암소 '투플러스(1++)' 등급을 고집한다. 식육점 중매인들 사이에서 급행장 납품실적이 다른 거래처에 보증수표가 된다는 소문이 날 정도다.

스페셜한우모듬 100g 3만2000원,
한우 등심 100g 2만7000원, 명품 생
갈비 150g 3만5000원
영업시간 10:30~23:00
부산 부산진구 서면문화로 4(부전동)
051-809-2100

등심, 갈빗살, 모둠이 차례로 불판에 올랐다. 선홍빛 육질에 눈 내리듯 박힌 마블링이 눈 녹듯이 사라져 아쉽다고 생각했다. 하지만 진하게 고소한 고기 맛은 그 아쉬움을 상쇄시키고도 남았다.
더 기억에 남는 건 너무 금방 사라져 아쉬운 급행장의 차돌박이 맛이다. 인터넷에도 급행장의 차돌박이를 칭찬하는 글이 많이 올라와 있다. 손 대표도 "차돌박이 구하는 재주는 내가 대한민국에서 최고"라고 자랑한다.
급행장은 생갈비 가격과 양념갈비 가격이 같다. 손 대표는 "같은 고기를 사용하는데 어떻게 양념갈비가 더 쌀 수 있나. 양념이 추가되니까 한 푼이라도 더 비싸야 하는 거 아닐까. 우리는 생갈비나 양념갈비나 똑같은 투플러스를 쓰기 때문에 가격이 같다"라고 말했다. 맞는 말이다. 이 이야기를 듣고 먹으니 양념갈비가 더 맛있게 느껴진다.
손 대표는 매년 새해가 되면 자신만의 의식을 행한

다. 지금 급행장의 간판에는 '66년 전통 한우전문점'이란 글귀가 새겨져 있다. 해마다 여기에 숫자 하나씩을 더하면서 전통을 지켜나가겠다는 각오를 새롭게 한다.
얼마 전에는 급행장 별관 주차장에서 20m 거리에 양곱창집을 새로 열었다. 그는 "양곱창을 좋아해서 시작했다. 터무니없이 비싸게 받는 곳도 있지만 나는 '옳은 양곱창'을 해보고 싶다"고 말한다. 자기가 싫어하는 백양은 없고, 양념 양곱창만 취급한다. 파인애플이나 키위 따위의 연육제도 양곱창에 일절 안 쓴다. 잡내가 없는 특양을 소스에 찍어 먹으니 뭉클하고 쫄깃하다. 소창은 기름기가 적고 씹는 맛은 더 좋다. 골목으로 살짝 들어왔는데도 상당히 한적한 느낌이 든다.
그는 다른 고깃집과 달리 태어나서 자라고, 관리가 되는 서면 외에는 절대 다른 곳에 눈을 돌리지 않는다. 소고집이어서 믿음이 가는 급행장이다.

삼부식당

망설이다 혼자 삼부식당에 갔다. 혼밥이면 테이블이 더 편할 것이라며 안내해준다. 주변에 1인 상을 받아 먹고 있는 손님이 많아 마음이 놓인다. 낙지볶음과 불백 사이에서 고민하다가 '낙불'을 시켰다.

오리두루치기 8000원, 돼지두루치기·낙지볶음·낙불 7000원, 된장찌개 6000원
영업시간 11:00~23:00
(일요일 휴무)
부산 부산진구 새싹로 123(부암동)
051-809-8778

동그란 쟁반 위에 계란말이, 김치, 나물 등 여러 가지 반찬과 낙불, 된장찌개, 밥이 함께 나왔다. 낙불에는 통통한 낙지와 돼지고기가 푸짐하게 들었다. 손이 가는 반찬으로 구성되어 받는 순간 기분 좋아지는 차림이다.

심심해서 옆 테이블 손님에게 말을 걸었다. 그는 혼자 먹기 외롭다면 합석하라는 제안을 했다. 아니면 곧 자기 일행이 뒤에 오니 같이 먹으라며 웃는다. 주민이 단골로 자주 오는 밥집이라 분위기가 가족적이다. 다른 테이블 손님도 하동철 대표와 이런저런 이야기를 주고받고 가족의 안부를 묻는다. 그날 저녁 삼부식당은 사랑방 같았다.

며칠이 지나 근처에 갈 일이 있어 다시 방문했다. 이번에는 돼지두루치기를 주문했다. 달콤한 간장 양념으로 먹음직스럽게 구워져 나왔다. 간이 세지 않으면서도 맛이 있다. 기본 반찬은 며칠 전과 또 달라져 있다. 여기는 자주 와도 질리지 않는다던 지인의 말이 이해가 되었다.

하 대표는 처음부터 '정직하게 장사하자'고 결심했단다. '자기도 점심, 저녁을 삼부식당에서 먹어야 하니 더욱 맛있게 하려고 노력한다며 웃는다.

혼자여도 외롭거나 슬프지 않은 '삼부식당'에 가보자. 마음이 따뜻해지는 밥이 기다린다.

맛순대

순대 1인분 3000원(곱창구이는 12월~이듬해 3월)
영업시간 12:30~재료 소진 때까지
부산 부산진구 가야대로 482번길 19(개금동 개금골목시장 내)

어린 시절 엄마를 따라 동네 시장에 자주 갔다. 내심 목적은 따로 있었다. 시장 입구에서 할머니가 파는 순대를 좋아했기 때문이다.

순대는 어디서 먹어도 다 비슷한 맛이 아니냐고 말하는 이들도 있다. 틀렸다. 같은 재료라고 해도 만들어 내는 사람의 정성에 따라 다른 결과를 만든다.

'개금 골목시장' 사거리에서 30년째 자리를 지키고 있는 '맛순대'를 찾았다. 순대를 찌는 찜통에서 하얀 김이 올라온다. 정여석 대표의 옆으로는 연탄 화로가 놓여 있다.

주문을 받으면 먼저 곱창을 잘라 연탄불 석쇠 위에 올려놓는다. 그리고 순대와 간 등 여러 부위를 썰어서 접시에 담는다. 순대 썰기를 잠시 멈추고 돼지 곱창을 한번 뒤집어준다. 노릇하게 잘 익은 곱창에서는 맛있는 냄새가 솔솔 난다.

순대를 다 썰어 담고 그 위에 연탄불에 바싹 구운 곱창을 올려준다. 따뜻한 곱창에서 연기가 모락모락 올라온다. 순대 전체로 불향이 피져 더 맛있게 느껴진다. 순대 옆에는 양파, 고추, 된장이 인심 좋게 담겨 있다.

12월부터 3월까지만 곱창을 연탄에 굽는 이유가 있다. 지금은 작은 테이블 자리도 있는 가게이지만 이전에는 노천에서 장사했다. 추운 겨울에 순대를 썰어 내면 바로 식었다. 손님이 조금이라도 따뜻하게 먹을 수 있는 방법이 없을까 고민했다. 그러다 장사하는 동안 추위를 피하려고 피웠던 연탄불에 곱창을 굽게 되었다. 추억이 생각나는 맛이다.

가츠모토

개금동 고갯마루를 힘들게 올라가니 마법의 성 같은 '가츠모토'가 나타났다. "왜 여기다 이런 근사한 돈가스집을 차릴 생각을 했을까?"

돈가츠 정식·치즈 돈가츠 1만원, 새우나베정식 1만2000원, 가마솥 우동 8000원, 쇼가야키 1만5000원 (메뉴 중 한가족, 대가족 세트가 있는 점이 특징)
영업시간 11:30~22:00
부산 부산진구 백양관문로77번길 41(개금동) 051-892-8000

다기 주전자에 든 메밀 차부터 내온다. 가츠모토는 모든 조리에 풀무원 샘물 생수, 소금은 정제염이 아닌 인산죽염을 쓴다.

'돈가츠 정식'과 유부가마솥우동을 하나씩 주문했다. 따라 나온 호박죽은 섬유질의 고운 결이 혀에 와 닿는다.

돈가스의 돼지고기는 상당히 두꺼운 편이다. 튀김옷은 바삭하고 고기 맛은 부드럽다. '치즈 돈가츠'를 자르면 모차렐라 치즈가 실처럼 늘어난다. 제주도산 돼지고기 등심만 쓰는 돈가스 맛은 어느 집에도 뒤지지 않는다.

우동은 면발도 좋지만 국물에 자꾸 손이 간다. 우동 국물 재료는 말린 고등어, 가다랑어, 다시마, 표고버섯과 생수다. 해물가마솥우동은 해물이 들어 국물 맛이 살짝 달라졌다.

소바 맛도 보았는데 쓰유(장국)의 맛이 일품이다. 가츠모토는 돈가스도 좋지만 국물이 끝내주는 집이다. 일본 가정식 요리인 쇼가야키(돼지고기생강조림)는 달고, 맵고, 자극적이라 맥주를 부른다. 안영덕 대표는 "누가 알아주든 말든 이렇게 만든다"고 말한다. 느릿느릿한 말투가 인상적이다.

안 대표의 누나가 일본에서 야키니쿠집을 오랫동안 하고 있다. 누나의 소개로 일본에서 레시피를 전수 받았다는데, 제대로이다.

구르메집

디트로이트 레드 톱 피자 1만6000
원, 슈하스코 라클레트 파히타 3만
5000원, 새우 세비체 아카폴카 1만
2000원
영업시간 12:00~22:00
부산 부산진구 중앙대로692번길
46-10(부전동) 051-809-1231

요식업계의 격전장 서면에 낯선 미주 대륙 요리로 무장한 신흥 강자가 나타났다. 33세에 롯데호텔 최연소 주방장에 오른 뒤 23년 동안 특급호텔 주방을 지휘했던 이수호 대표가 엔젤호텔 앞에 레스토랑 '구르메집'을 연 것이다. 그가 젊은이가 좋아할 만한 메뉴라고 장담한 메뉴가 디트로이트 레드 톱 피자. 자동차 정비공장에서 쓰는 철제 팬에 도우와 치즈를 얹어 구운 뒤 소스를 뿌려 먹던 두툼한 피자에서 유래했단다. 요즘 피자와 달리, 겉은 바삭하고 속은 부드러운 두툼한 사각 피자 위에 익은 토마토가 선홍빛을 뽐냈다.

겉은 바짝 익히되 타지 않고, 속은 부드럽되 알맞게 익혔다. 절묘한 비법은 숙성에 있다고 했다. 고급스럽게 담백한 맛도 좋았다.

여기서 고기와 샐러드를 더 먹고 싶다면 슈하스코 라클레트 파히타와 세비체를 추가하면 된다. 신선한 새우나 횟감 생선을 산도 3 정도의 라임·레몬즙에 절여 각종 채소, 과일과 함께 먹는 세비체는 상큼한 느낌을 준다. 페루를 비롯한 중남미에서 즐겨 먹는 음식이다.

슈하스코 라클레트 파히타는 고기와 채소를 꼬챙이에 꽂아 숯불에 구운 브라질 요리 슈하스코, 토르티야 기반의 고기 채소 쌈인 멕시코 요리 파히타, 여기에 스위스식 치즈 요리 라클레트를 더해 하나의 메뉴로 만든 것이다. 미국 시카고에서 생산되는 구스 아일랜드 생맥주와 병맥주도 다양하게 곁들일 수 있다. 이 대표가 호텔 납품용 식자재 유통업도 겸해 저렴한 가격에 좋은 재료를 사용할 수 있다는 점도 장점이다.

당감동 무궁화 할매 쭈꾸미

주꾸미수육(小) 3만원, 주꾸미양념
구이(小) 3만원, 주꾸미전골(小)
4만원
영업시간 16:00~24:00
(2, 4주 일요일 휴무)
부산 부산진구 당감로17번길 90 무
궁화아파트(당감동)
051-897-4403

'당감동 무궁화 할매 쭈꾸미'는 2~3일에 한 번씩 남해 단항에서 주꾸미를 경매로 받아 물차로 가져온다. 물차가 들어온 날이면 수조 유리 벽에는 빨판을 붙인 주꾸미가 꽃처럼 활짝 피어난다.

주문하면서 "알이 든 것을 꼭 먹고 싶다"고 이야기하자 "복불복"이라는 대답이 돌아왔다. 하지만 주방에서 한 접시에 한 마리라도 알이 차 있는 것이 들어가게 하려고 알아서 신경 쓴다.

먼저 숙회를 시켰다. 세 마리가 예쁘게 데쳐져 미나리와 쪽파 위에 누워 있다. 다리를 먹기 좋게 잘라 주고 머리는 다시 가져가서 더 데쳐 온다. 익는 속도가 달라 그렇게 하는 것이다. 세 마리 중 두 마리의 머릿속에 알이 꽉 차 있다. 밥알 같은 알이 입안에 들어가 터지니 씹을수록 단맛이 난다.

두 번째 메뉴는 양념구이다. 양념은 매운 듯 끝맛이 깔끔하고 감칠맛이 났다. 다 먹고 나서 밥이나 면 사리를 선택하면 볶아 준다.

전골은 국물이 진짜 끝내준다. 육수가 끓으면 살아 있는 주꾸미를 푹 담가 익힌다. 이때 주꾸미는 살고자 사력을 다하고, 우리는 먹고자 총력을 다한다. 남은 양념장에는 밥을 선택하고, 전골에는 라면을 넣어서 먹어보았다. 환상의 궁합이다. 7~9월에는 주꾸미가 나지 않아 낙지로 장사한다. 가게에 도착하면 자신감 넘치는 백발, 오영자 할머니를 단번에 알아볼 수 있다.

OK 목장

고기를 먹고 싶다면 테이블을 먼저 차지하라! 'OK 목장'은 좁은 가게 안에 테이블이 6개에 불과하다. 기다림의 시간이 1시간이 될지, 그 이상이 될지는 먼저 앉은 사람 마음이다. 선발대가 필요한 집이었다.

국내산 한우 갈비(거세) 1++·1+
100g 1만4000원, 된장찌개 2000원, 공깃밥 1000원, 소주·맥주 3500원
영업시간 17:00~22:30
부산 부산진구 동명로 63(당감동)
051-894-5643

오후 5시가 되자 김도형 대표의 손길이 바빠진다. 그날 들어온 소갈비 한 짝을 다듬느라 분주하다. 이게 단 하루에 판매되는 분량이다. 미리 다듬어 두면 피가 고여 갈색으로 변하니 장사 시작과 함께 다듬기도 시작한다.

갈비 한 짝에는 안창살, 꽃살, 갈빗살이 섞여 있지만 따로 분리하지는 않고, 한 접시에 여러 부위를 섞어서 판매한다. 이렇게 해서 하루에 다 파는 것이 더 낫다.

김 대표는 일본에서 유학을 8년이나 하고 돌아와 일본어 강사를 했다. 지금 생각해보면 일본에서 장인정신을 배워 온 것 같단다.

2004년 12월에 이 가게를 시작했다. 매일 고기를 다듬느라 손목, 어깨, 허리 등 어디 하나 멀쩡한 곳이 없다. 그런데도 이 일이 재미있고 사명감이 있단다.

고기를 입에 넣자 사르르 녹아 사라진다. 같이 간 일행은 밥과 함께 나온 된장찌개만 마구 먹고 있다. 맛있다고 혼자 다 먹어버린다. 고기를 다듬고 남는 부위를 된장찌개에 넣어서 끓인다. 한 뚝배기에 고기가 150g가량이 들어간다. 그래서 고기 10인분 이상을 주문해야 된장찌개가 추가로 하나 더 나간다. 장난이 아니다.

종가집

서면에 볼일이 있어서 나왔다가 맛있는 밥이 먹고 싶다면 '종가집'으로 가시라. 이 집은 시그니처 메뉴인 '생선국'을 찾는 단골이 많다.

조기매운탕 1만원(2인분 이상 주문 가능), 생선국 1만2000원, 돌솥밥 1만1000원, 삼겹살 수육 2만원
영업시간 12:00~22:00
(일요일 휴무)
부산 부산진구 부전로96번길 31-5(부전1동) 051-816-3677

싱싱한 제철 생선을 사용하고 해초인 몰이 잔뜩 들어가 있다. 시원하면서 바다향 가득한 국물 맛으로 인기가 많다. 생선국은 끓일 때 육수를 따로 내지 않는다. 대신 생선마다 있는 특유의 향을 잘 살렸다. 단맛이 우러나오도록 끓이는 것이 깔끔한 맛의 비결이다.

칼칼한 국물이 생각난다면 조기매운탕도 있다. 먼저 정갈한 반찬이 10여 가지가 차려졌다. 나물, 김치, 생선조림, 멸치 볶음 등 손 가는 반찬이 많다. 큰 냄비 속 빨간 국물에 채소, 두부, 조기 4마리가 나란히 파란 쑥갓 이불을 덮고 누웠다.

조기 살을 발라 밥 위에 올리고 한입, 뜨끈한 국물을 이어서 한입 먹었다. 조기 살의 담백한 단맛과 시원한 국물맛이 잘 어울린다. 조기매운탕은 자체의 맛이 우러나도록 끓인다. 겨울에는 무, 여름에는 감자를 넣는다. 매운탕은 낮은 불에서 졸여가며 먹어야 더 맛나다. 마지막에 남은 양념이 밴 감자는 배가 불러도 자꾸만 먹게 된다.

김순옥 대표는 18년 전에 집안 사정으로 음식 장사를 시작했다. 집에서 가족 밥해주듯이 하면 되지 않을까 하고 시작해 많은 이가 좋아하는 집이 되었다. 늘 감사하게 생각한다는 이야기를 꼭 전하고 싶다고 했다.

언양꼬리곰탕

꼬리탕·도가니탕 1만4000원, 꼬리
+도가니탕 1만8000원, 곰탕·설렁
탕 7000원
영업시간 10:00~22:00
부산 부산진구 서면로 44-1(부전동)
051-806-2252

변화의 바람이 거센 서면에서 '언양꼬리곰탕'은 34년째 한자리를 지키고 있다. 뭔가 비결이 있다는 게다.

늦은 점심시간에 찾아가 가게 안을 둘러보았다. 내부는 낡았지만 얼마나 부지런히 쓸고 닦았는지 바닥, 거울, 구석진 곳까지 반질반질 윤이 난다.

손님이 문을 열고 들어오자 "우리 집 단골 또 왔냐"며 반기는 김영자 대표의 낭랑한 목소리가 들린다. 반갑게 맞아주고, 또 늦은 점심을 걱정해주었다. 뜨거운 뚝배기 안에서 보글보글 끓고 있는 꼬리탕과 도가니탕이 나왔다. 뽀얀 국물 속에 든 고기는 적은 양이 아니다. 잘 익은 배추김치, 깍두기, 부추 무침, 젓갈, 고추, 생마늘, 된장, 마늘장아찌, 소스 간장이 함께 차려졌다. 윤기가 흐르는 김치는 아삭하면서 달콤한 맛이 일품이다. 김치만 먹어도 꿀맛이지만 뜨거운 국물과 함께 먹으면 그 맛이 더욱 돋보인다. 고기를 간장소스에 찍어서 먼저 맛을 보고 남은 국물에 밥을 말았다.

테이블마다 달걀이 놓였다. 뜨거운 국물에 달걀을 풀어 먹으면 된다. 김 대표는 잠시 어린 시절 이야기를 했다. 그의 아버지는 유난히도 곰탕을 자주 끓이셨다. 자식들을 잘 먹이겠다는 생각이었으리라 짐작한다. 자주 먹다 보면 질릴 만도 한데 여전히 곰탕을 좋아한다고 고백한다. 가족을 생각하는 마음 때문일까.

핏물을 잘 빼고 푹 끓여 내는 것, 기본을 지키는 것 말고 다른 비법은 없다. 아버지가 끓여 주시던 그때처럼 오늘도 곰탕을 끓여 낸다.

복이 있는 조개구이집

조갯살의 모양이 갈매기 부리를 닮은 갈미조개는 낙동강 하구 명지 근처에서 많이 잡힌다. 하지만 갈미조개가 먹고 싶다고 이제 명지까지 가지 않아도 된다. 서면 영광도서 근처에서 박치정 대표가 하는 '복이 있는 조개구이집'이 있기 때문이다.

조개샤부샤부·갈삼구이 4만원,
볶음밥 2500원
영업시간 11:00~23:00
(일요일 휴무)
부산 부산진구 새싹로 21-2(부전동)
051-802-2064

요즘 갈미조개는 예전만큼 많이 잡히지 않아 조개 확보가 쉽지 않다. 하지만 박 대표의 친척이 갈미조개를 직접 잡아 다른 곳보다는 재료 구하기가 수월하단다.

이 집 단골은 샤부샤부 육수가 예술이라며 칭찬했다. 진짜로 육수 자체가 맛이 있다. 한꺼번에 많은 양의 조개가 들어오니 껍질이 깨지는 것도 있다. 그렇게 깨진 조개를 듬뿍 넣어 육수를 내니 맛이 있는 거란다. 조개는 많이 익히면 질겨진다. 살짝만 익혀 쫄깃할 때 먹는 것이 요령이다. 조갯살이 툭 하고 터질 때마다 달큼함이 입안에 퍼진다.

시간이 지날수록 조갯살의 단맛이 배어들어 육수는 감칠맛이 돈다. 육수를 그릇 가득 담아 먹고 또 먹게 된다.

갈삼구이도 안 먹고 가면 섭섭하다. 갈삼구이는 갈미조개와 삼겹살을 함께 구워 먹는 것을 말한다. 고소한 삼겹살과 갈미조개가 무척 잘 어울린다. 샤부샤부에는 죽, 갈삼구이에는 볶음밥을 먹을 수 있다. 고소한 볶음밥에 샤부샤부의 끝내주는 국물을 곁들이니 미소가 저절로 지어진다.

서면라멘트럭

'서면라멘트럭'을 처음 본 것은 지난해 여름밤이었다. 무더운 날이었는데도 뜨거운 라멘은 인기였다. 장사는 밤에만 했다. 작은 트럭을 개조해 손님이 앉을 수 있는 자리가 몇 개 없었다. 하루에 팔 수 있는 양이 정해져 재료가 소진되고 먹지 못하는 날이 많아 아쉬움이 남았다.

라멘 7000원, 면 추가 1000원, 계란 추가 1000원, 차슈 추가 1000원
영업시간 12:00~23:00
(브레이크타임 15:00~17:00)
부산 부산진구 중앙대로 680번가길 80-17(부전동) 010-9922-9313

이제는 그러지 않아도 된다. 서면라멘트럭이 이제 가게로 자리를 옮겼기 때문이다. 서면 공구상이 많이 있던 골목 안에 자리를 잡았다. 김동섭 대표는 "서면에서 여기가 가겟세가 제일 저렴한 곳일 거다"며 싱긋 웃는다.

서면라멘트럭은 입구에 빨간 커튼이 드리워져 있다. 커튼을 젖히고 안으로 들어가니 연극을 보기 위해 극장으로 들어가는 것 같다. 밖에서 보니 손님이 앉아 있는 바(bar)자리가 무대처럼 보인다.

돼지 육수와 닭 육수를 섞어서 라멘 육수를 만든다. 미리 만들어 둔 육수에 면을 삶아 넣고 차슈, 간장에 졸인 달걀을 올려 내어준다.

고소하고 감칠맛 나는 국물이 속을 뜨겁게 채운다. 불로 구워낸 차슈는 부드럽고 짭조름한 맛이 일품이다. 고깃국물이라 느끼할 수도 있는 라면의 중심을 잡아준다. 간장에 졸인 달걀이 없으면 섭섭하다. 달걀을 반으로 자르니 반숙으로 익은 노른자가 보석같이 빛이 난다. 노른자를 국물에 풀어 먹으면 고소함이 배가 된다. 작은 것에 행복을 느끼게 해주는 곳이다.

더 블룸홈

9900원(투숙객 8800원)
영업시간 07:00~10:00
부산 부산진구 부전로 67 부산비즈
니스호텔 2층 (부전동)
051-808-2000

서면의 부산비즈니스호텔 '더 블룸홀' 셀프바를 둘러보다 한식 반찬 코너에서 걸음이 멎고 말았다. 조식 시간이 끝날 무렵인데도 아름다운 제 빛깔을 잃지 않고 있었다.

양식도 괜찮아 보였지만 이 반찬을 보고 한식 쪽으로 마음이 급격히 기울었다. 밥은 잡곡과 흰밥 중에서, 국은 시락국과 미역국 중에서 골랐다.

아주 삼삼한 배추전이 아삭 하고 소리를 내며 기분 좋게 씹힌다. 소고기 미역국이 오랜 촬영 때문에 식었어도 괜찮았다. 감칠맛 나는 '시락국'은 다시 먹고 싶어졌다. 가지 무침도 맛있다.

비즈니스호텔에서 어떻게 이런 수준의 한식 조식이 가능할까 궁금했다. 부산비즈니스호텔은 '마당집' 윤경숙 대표의 작품이기 때문에 가능했다. 주변에서 모두 반대했지만 윤 대표가 한식 위주로 가자고 고집을 피웠다. 그게 맞아떨어졌단다. 한식이지만 간이 세지 않아서 외국인의 입맛에도 괜찮을 것 같다. 중국 관광객은 나물 반찬, 일본인은 흰죽을 좋아한다. 윤 대표는 "우리 집에 온 손님은 무조건 식사를 잘하고 가셔야 한다"며 자기 음식에 대해 강한 자부심을 보인다.

윤 대표의 딸 김도경 이사가 직접 장을 본 신선한 제철재료를 정성껏 준비한다. 토스트와 각종 샐러드, 옥수수, 커피, 빼먹으면 섭섭한 야구르트까지 양식도 잘 갖추어 놓았다. 이 호텔에 투숙했다 조식 안 먹고 가면 후회하겠다. 한식과 양식 중에 골라먹거나, 혹은 취향껏 섞어서 먹을 수 있다는 점이 가장 마음에 들었다.

부산원조 해물탕찜

부산원조해물탕찜은 해물탕과 해물찜에 바닷가재를 넣은 메뉴를 내세우고 있다. 말은 못 하지만 상에 오른 바닷가재의 인상만 봐도 알 수가 있다.

해물찜 4만~6만원, 해물탕 3만 8000~7만원, 아구찜 4만~5만원, 랍스터 해물탕 15만원, 랍스터 해물찜 14만원
24시간 영업
부산 부산진구 서면문화로 33(부전동) 051-803-1236

"내가 이래봬도 갑각류계의 '갑'인데 해물탕이나 해물찜에 들어간다는 게 말이 돼?" 바닷가재는 화가 나서인지 몸이 아주 시뻘겋게 변해 있었다. 그런데 우리 일행은 "우와!" 하고 일제히 함성을 지른 뒤 스마트폰으로 사진을 찍고 SNS에 올리느라 정신이 없었다. 이걸 다 먹으려면 대체 몇 명이 필요할까.

문을 열고 짧은 시간에 꽤 이름난 가게가 된 데에는 이렇게 압도적인 비주얼의 영향력이 컸다. 분기탱천한 바닷가재의 살은 그야말로 탱탱했다. 이날 가장 좋았던 것은 잡것 없이 해물만 어우러진 해물탕의 순한 국물 맛이었다. 찜도 역시 순수함이 느껴졌다. 이 점이 의외였다. 서면에서 24시간 영업한다면 술꾼도 적잖이 올 것이고 자극적인 국물을 찾을 텐데 말이다.

조래영 대표는 '오르다'라는 블로그 닉네임으로 활동하고 있다. 알고 보니 해물탕의 국물 맛이 특별한 이유가 있다. 이전에 '농축 사골'로 이름난 돼지국밥집을 했다. 손님은 많았지만 힘이 들어 돼지국밥집은 넘기고 3대까지 물려주는 음식점을 하고 싶어 새 가게를 열었다. 오징어와 문어 등으로 국물을 내고 쑥갓이 향을 담당한 점심 특선 해물칼국수도 별미란다. 그 뒤 점심에 둘이 가서 해물칼국수(1인 8000원)를 먹었다. 해물탕인지 칼국수인지 모를 지경이었다.

미(米)밥

가게 이름에 '쌀 미(米)'를 써서 특별한 느낌이 들었다. 미리 스테인리스 공기에 밥을 담아두는 일반 식당과는 확실히 달랐다. 미밥은 8대의 압력밥솥에서 방금 한 밥을 바로 퍼 테이블 위에 가져왔다. 김이 설설 오르는 군침 도는 밥이었다. 쌀 씻기와 불리기에도 세심한 정성을 기울인다고 했다.

미밥정식 8000원,
보쌈정식 1만원, 김치전골·닭볶음탕
각 2만5000원
영업시간 11:00~21:30
부산 부산진구 중앙대로680번길
49(부전동) 051-803-3566

오징어 젓갈, 열무김치, 된장찌개, 고등어조림, 꼬시래기 무침, 참나물 무침, 해파리냉채, 잡채, 부추전, 감자 샐러드, 불고기, 상추·배추·다시마 쌈, 어묵 조림, 애호박 무침, 그리고 콩나물 북엇국. 8000원짜리 미밥정식을 주문하니 이 많은 반찬이 한꺼번에 나왔다. 문득 궁금해졌다. 도심 한복판에서 이렇게 음식의 근본을 지향하는 사람이 누구인지.

이홍재 대표는 2002년부터 지난해 10월까지 엔젤호텔 내에서 2개 층을 합해 600㎡가 넘는 대형 일식당 '어부야'를 운영했다. 서면 일대에서 꽤 자리 잡은 일식집이었는데 청탁금지법 시행 후 문을 닫고 말았다.

그는 고심 끝에 기본으로 돌아가 집밥을 내놓는 '미밥'을 열었다. 어느 한 요리만 내세우지 않고, 집에서 먹는 것처럼 반찬을 골고루 준비해 정성껏 내놓는 정식이었다. 이 대표는 매일 오후 2시면 부전시장에서 직접 장을 봐 재료를 사고, 김치나 젓갈 외에는 새로 만든다고 했다. 나물이나 찌개 종류도 수시로 바꾼다. 미밥을 집밥처럼 자주 찾아도 싫증 나지 않게 하려는 의도였다. 위기가 왔을 때 기본으로 돌아가는 것, 베테랑 이 대표로부터 배운 교훈이었다.

우미가 (牛味家)

'혼밥' 전성시대. 혼자 먹는 밥에 익숙해졌다고 해도 혼자 고기 굽기는 '난이도 상'에 속한다. 하지만 우미가 1인용 고기 불판 앞에 앉으면 고기는 원래 혼자 구워 먹는 것이라는 생각까지 든다. 일행으로 와서 자기 불판으로 각자 먹고 싶은 고기를 굽는 팀도 있다. 서로의 취향을 존중하는 것이다. 혼자 와서 앉는 자리만 봐도 성격이 드러난다고 했다.

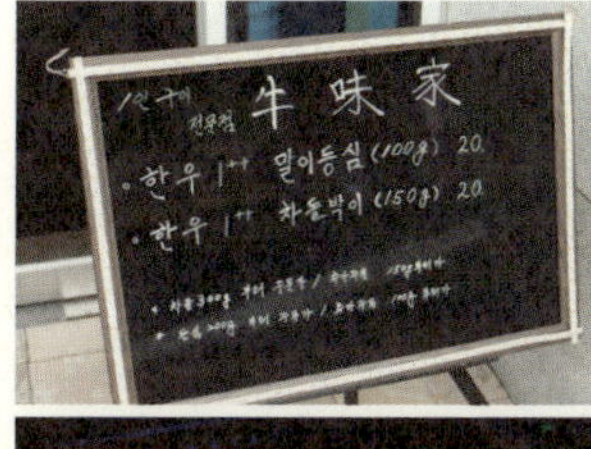

한우 1++ 말이등심 100g 2만원,
차돌박이 150g 2만원
영업시간 18:00~23:30
(일요일 휴무)
부산 부산진구 중앙대로666번길
50(부전동) 경남공고 건널목 앞
051-804-2676

'말이등심'과 '차돌박이'가 다 궁금해서 두 가지를 시켰다. '말이등심'은 고기가 롤처럼 말려 나왔다. 고기를 펴지 말고, 말린 채로 구워야 육즙이 빠져나가지 않는다.

등심 한 점을 아무것도 찍지 않고 씹었다. 씹을수록 고소한 맛이 올라온다. 두껍게 썬 등심과 모양은 다르지만 고소함은 뒤지지 않는다. 혼자라서 고기 한 점 굽는데도 정성을 쏟고, 고기 맛을 제대로 느낄 여유가 생긴다.

밥을 시키니 김병화 대표가 햇반을 하나 전자레인지에 넣는다. 물론 이게 다는 아니다. 초밥틀로 찍고 카레 소금을 뿌려 접시에 내어놓는다. 이렇게 나온 밥 위에 고추냉이와 고기를 한 점씩 올리면 고기초밥이 완성된다.

김 대표는 예전에 여행사를 운영하며 부산 맛집투어 상품을 만들 만큼 먹고 여행하는 것을 좋아했다. 맛집 찾아다니다가 차린 고깃집이다.

"

참족

참족·직화불족·참족+직화불족·야채
족 2만8000~4만8000원, 치즈불
족 3만~4만원, 포장 4000원 할인
영업시간 13:00~05:00
부산 부산진구 서면로 36(부전동)
서면 복개천 메가박스 건너편
051-818-1800

모임이 있을 때 남녀노소 모두에게 괜찮다는 평가를 받을 만한 장소가 새로운 개념의 족발집 '참족'이다.

카페 같은 인테리어로 유명한 '더도이 종가집 돼지국밥'의 장석봉 대표가 족발집을 냈다는 이야기를 들었다. 장 대표는 오래전부터 연구실을 만들어 끊임없이 음식 연구를 하고 있다. 돼지고기로 국밥을 만들지만 돼지 발을 각을 떠서 졸이면 족발이 된다.

장 대표가 하는 음식점은 일단 믿고 먹을 수 있다. 어느 매장이든 주방을 30평 이상으로 갖추고, 직원에게 지분을 나눠주는 원칙을 지키기 때문이다. '참족'은 직원 샤워실까지 별도로 마련했다. 좋은 환경에서 좋은 음식이 나온다.

'참족'은 '참 맛있는 족'의 준말이다. 메뉴에는 일반 족발인 참족과 양념 족발인 직화불족이 있다. 짜장면과 짬뽕처럼 고민이 된다면 반반씩 나오는 '참족+직화불족' 세트가 답이다.

먼저 샐러드와 헛개나무 수프가 애피타이저로 나왔다. 족발을 놋그릇에 담아 할로겐램프로 식지 않도록 데워 준다. 다른 데서 족발을 먹을 때면 따뜻한 국물이 없어서 늘 아쉬웠는데 여기선 음식 궁합까지 고려해 홍합탕이 나온다. 수프, 샐러드, 홍합탕까지 무한리필이다. 참족은 인생의 참맛을 아는 중년, 불족은 가슴이 뜨거운 젊은이들이 좋아한다. 치즈불족은 불족에 모차렐라 치즈를 섞어 먹는 재미와 맛을 더했다.

오보쌈

남들과 똑같으면 좀 재미가 없다. '오보쌈' 이영식 대표는 수육을 다르게 먹는 방법이 없을지 많이 고민했다.

오보쌈 2만8000원, 건나물보쌈 2만5000원, 점심 특선 보쌈정식 8000원
영업시간 11:30~22:00
(1, 3, 5주 일요일 휴무)
부산 부산진구 전포대로275번길 13 한울트라움 2층(전포동)
051-806-9557

처음에는 다섯 가지 종류의 보쌈이 있어서 가게 이름을 '오보쌈'으로 했다. 그중 가장 인기가 많은 세 가지가 남았다. 한편으로는 '오!'라고 감탄해주기를 바란다고 '아재개그'를 친다. '오보쌈' 맛을 보려면 예약을 하는 것이 좋다. 다른 메뉴와 달리 만드는 데 시간이 필요한 메뉴여서 그렇다.

오보쌈은 수육에 튀김옷을 입혀 살짝 튀겨냈다. 튀겨낸 수육을 얇게 썰어 담고 그 위로 매콤한 볶음 채소를 올렸다. 노란색의 튀김옷과 다양한 색상의 볶음 채소가 보는 즐거움을 준다.

고기 한 점과 볶음 채소를 함께 집어 맛을 보았다. 살짝만 튀겨낸 것이라 육즙이 그대로 살아 있다. 부드러운데 튀김옷 때문에 고소한 끝 맛이 있다. 마지막으로 매콤한 채소볶음이 고기의 느끼함을 잡아준다. 중국식 고추 잡채 같기도 해서 먹는 재미도 있는 메뉴이다.

수육을 어느 정도 먹고 나서야 반찬이 눈에 들어왔다. 그중 간장게장은 맛이 있어서 자꾸만 더 시켜 먹게 된다.

오보쌈의 '건나물보쌈'은 이름처럼 말린 나물과 말린 도토리묵 볶음이 함께 나온다. 마른 나물과 수육으로 함께 쌈을 싸 먹는 방식이다. 나물의 담백함과 수육이 꽤 잘 어울린다. 조금씩 자주 삶아내는 것이 맛의 비결이다.

해신회대게

대게·바닷가재 세트 2인 10만원,
대게탕 5만원, 대게·바닷가재 구이
5만원
영업시간 11:00~24:00
부산 부산진구 전포대로275번길
65(전포동) 부전동 도시철도역 8번
출구 앞 051-819-0100

대게, 멀리 안 가고 잘 먹을 곳이 없을까? 갑각류를 '초장집' 스타일로 파는 할인마트 '해신회대게'가 부전동에 있다고 해서 찾아갔다.

1층 수조에는 러시아산 대게, 바닷가재, 킹크랩이 그득하다. 여기서 골라 바로 저울에 단다. 그리고 4층 식당에 올라가 1인당 초장값 3000원을 내고 먹는 방식이다.

바닷가도 아닌 곳에 자리 잡은 '해신회대게'의 규모(270석)에 놀랐다. 대게는 담백하고, 킹크랩은 버터 맛이 난다. 어떤 맛으로 할까? 우리는 둘이서 '대게 2인 세트'를 시켰다.

대게 회가 먼저 나왔는데 눈꽃이 핀 줄 알았다. 대게 다리 끝이 꽃처럼 탐스러웠기 때문이다. 온탕에 넣었다, 냉탕에 넣었다, 특별한 노력이 피운 꽃이었다. 대게찜을 먹는 동안 말이 없어져 '고요한 밤'이 되었다. 심심하지 않게 계절 회로 우럭, 광어, 밀치도 나왔다. 한치를 넉넉하게 넣은 새콤달콤한 물회도 맛있다. 게살, 꽃게, 홍합 등이 든 해물 라면은 별미였다. 게딱지 볶음밥의 고소함은 말할 필요가 없고. 냉동을 쓰는 대게 구이(1~1.5kg)를 따로 주문했는데 의외로 맛있어서 놀랐다.

이정동 대표의 또 다른 명함은 러시아산 수산물 유통을 하는 '로하스씨푸드' 대표이다. 직접 수입을 하기에 다른 가게보다 kg당 5000~1만 원 싸게 팔 수 있단다. 딱딱한 갑각에 싸인 게는 7~8월에는 탈피를 위해 살이 별로 없어진다. 대게는 3~5월이 살이 좋다.

모리아와세

음식이 한 접시에 정갈하게 담겨 있는 모습을 일본어로 '모리아와세'라고 한다. 장지완 대표는 가게라는 공간을 큰 접시로 삼아 다양한 요리를 선보이고 싶다는 뜻을 담은 이름이라고 했다.

히츠마부시 정식 소 1만7000원
영업시간 12:00~23:00
(브레이크 타임 15:00~17:30, 수요일 휴무)
부산 부산진구 서전로38번길 35-14(전포동) 010-7144-7600

가게 입구에는 '모리아와세의 세 번째 이야기'라고 적혀 있다. 가게를 시작하고 세 번째 다른 콘셉트의 요리를 선보이는 중이다.

이번에는 '히츠마부시'라고 불리는 일본식 민물장어 요리가 주력이다. 주문과 동시에 장어를 숯불에 올리고 간장을 발라가며 굽는다. 맛있는 냄새가 가게 안에 가득 찬다.

덮밥처럼 장어와 밥을 그냥 먹어도 좋다. 하지만 조금 더 맛있게 먹고 싶다면 이 방법을 따라 해보자. 첫 번째는 밥과 장어만 올려서 먹어본다. 장어는 입안에서 사르르 녹아내린다. 두 번째는 고추냉이, 파, 김을 올려 먹는다. 김과 파가 장어에 풍미를 더하고 고추냉이가 입안을 깔끔하게 정리해준다. 세 번째는 육수를 부어서 말아 먹으면 된다. 먹는 방법을 달리하니 여러 가지 풍미를 느낄 수 있어서 좋다.

장 대표는 생각했던 맛이 나오지 않아 며칠 동안 가게 문을 닫고 요리만 했던 적도 많았다고 한다.

로꼬스 바또스

전포성당 뒤편 '로꼬스 바또스'에서는 비트가 강한 힙합 음악이 흘러 나온다. 신나는 음악 때문에 음식을 기다리는 동안 나도 모르게 어깨가 들썩인다.

봉골레 1만3000원, 아임!파인라이스 1만4900원, 한우 안심라이스 1만5900원, 한우 스테이크 3만5000원, 뚝배기 해떡 토마토 파스타 1만4900원, 신선로 해떡 크림 파스타 1만5900원
영업시간 11:30~22:00
부산 부산진구 서전로38번길 62(전포동) 051-808-2251

신선로 해떡 크림 파스타와 한우 안심 라이스를 주문했다. 신선로에 해물 크림 파스타가 담겨 나온다. 해산물이 푸짐하고, 크림이 느끼하지 않아서 좋다. 다 먹을 때까지 신선로의 불이 꺼지지 않아 따뜻하게 먹을 수 있다. 먹는 동안 크림의 농도가 점점 진해져 맛이 깊어진다.

한우 안심라이스는 발사믹 식초와 고르곤졸라 치즈, 하우스 와인으로 맛을 내 감칠맛이 좋다. 깍두기 모양 안심이 꽤 많이 들었다. 함께 나온 김에 잘 볶은 밥과 안심 한 조각을 함께 올려 싸 먹었다. 안심 덕분에 볶음밥이 고급스러워졌다.

이강희 대표는 요리를 시작하기 전 힙합 음악을 했다. 그때 별명이 '로꼬스, 로꼬스 바또스'였다. 로꼬스는 '미친' 이라는 뜻이다. 힙합에 빠져 열심인 그를 보고 동료들이 붙여준 거다. 어떤 일이든 한번 빠지면 열정적으로 한단다. 그런 그가 요리에 빠진 지 10년이 지났다. 자신의 스타일로 가게를 꾸미고 음식을 연구했다.

잘 어울리지 않을 것 같았던 힙합과 파스타는 무척이나 잘 어울렸다. 흥 넘치는 이곳에서는 신나는 식사가 가능하다.

모루식당

'모루식당' 사진만 보면 일본이라고 소개해도 믿겠다. 하얀색 타일로 외관이 마무리되어 깔끔한 느낌의 가게, 아담하다 못해 정말 작다.

카레 8000원, 오늘의 특선카레 8000원
영업시간 12:00~21:00
(브레이크 타임 15:00~17:00, 일·월요일 휴무)
부산 부산진구 서전로38번길 37(전포동)

1층에는 창가 자리와 가게에서 유일한 테이블 자리가 하나 있다. 2층은 천장이 낮은 다락방이라 신발을 벗고 올라가야 한다. 2층 창가 자리에서는 서면의 네온사인이 보석처럼 반짝거린다.

가게 안에는 일본 느낌이 나는 소품들로 채워져 있다. 장은혜 대표는 "일본에서 잠시 살았을 때 구입한 것이 꽤 된다. 또 일본에 여행을 갈 때마다 프리마켓에서 직접 샀다"고 말한다.

새우크림카레가 메인 메뉴이다. 요일별로 '오늘의 카레'가 있다. 두 가지 다 맛보고 싶다면 '반반 카레'를 주문하면 된다. 가운데 밥을 두고 양쪽으로 새우크림카레와 오늘의 카레를 담아준다. 생크림과 우유가 든 '새우 크림카레'는 입안에서 크림처럼 사르르 녹는다.

초록색의 '시금치 카레'도 먹으면 먹을수록 중독되는 맛이다. 먹다가 모자라면 말씀하시라. 미소지으며 듬뿍 담아준다. 이유를 물으니 모루식당이니 당연한거란다. 모루는 일본어 'もる(그릇에 가득담다)에서 따온 것이다.

왜 이 자리에서 카레 가게를 시작하게 되었는지 물었다. 다락방에서 친구들과 함께 영화를 보고 침낭 덮고 뒹굴거리는 다락방 캠핑을 하고 싶다는 생각으로 시작했단다. 부산 속 작은 일본. 모루식당으로 잠시 여행을 떠나보자.

동천양곱창

동천 옆 '동천양곱창'에는 초저녁부터 곱창 굽는 고소한 냄새가 가게 안을 가득 채우고 있다. 무엇을 먹을지 고민이 될 때는 '모둠'이다. 특양, 대창, 소창, 홍창(막창)과 염통으로 구성되었다. 특양만 뉴질랜드 산이고 모두 한우 부위다.

모둠 양곱창 1인분 200g 1만원(기본 3인분 주문 가능), 양대창 세트(양 200g+대창 170g) 3만원, 특양 150g 1만5000원, 대창 170g 1만원, 소창 150g 1만원, 홍창 1만원, 간·천엽 1만원, 곱창 전골 2만원
영업시간 17:00~02:00
부산 부산진구 범일로142번길 60(범천동) 051-633-8230

김수진 대표는 양곱창을 사기 위해 매일 도매시장으로 나간다. 거래처에서 오히려 "왜 이렇게 매일 오느냐? 귀찮지 않으냐"고 묻는단다. 그는 당연히 이런 정성을 들여야 한다고 생각한다. 좋아하는 음식을 만드는 일이 즐겁다.

마늘에 버무려진 '모둠 양곱창'이 나왔다. 손님은 기다리기만 하면 된다. 김 대표가 알아서 다 구워주기 때문이다.

대창을 먼저 한 점 집어 들었다. 양파, 고추, 마늘이 아낌없이 든 장에 콕 찍었다. 이 장이 고소하고 기름진 맛을 돕는다. 특양은 쫄깃한 식감이 일품이다. 부위별로 식감과 진한 맛의 정도가 다르다. 다른 곳에서 먹었을 때 나는 잡냄새가 거의 없다.

이제 술안주로 전골을 시키자는 의견이 모였다. 전골이 나오자 본격적으로 술잔이 오간다. 자리가 좁아서 어깨를 맞대니 마음도 더 잘 통한다. 가격도 그리 비싸지 않아서 서로 계산을 하겠다고 실랑이가 벌어진 모습도 보인다. 동천 옆 동천양곱창에는 따뜻한 정이 흐른다.

쉐어 플래터

작은 글씨로 '쉐어 플래터'라고 무심하게 적혀 있다. '쉐어'는 나눠 먹는다, '플래터'는 큰 접시, 서로 음식을 공유하고 재미있는 이야기를 나누는 식당이 되었으면 하는 마음을 담았다.

바질 페스토 크림소스와 치즈 오믈렛
1만2000원, 목살 바게트 9000원,
그린오일파스타 1만1000원, 로스트
치킨 & 토마토 스튜 2만3000원
영업시간 점심 11:00~15:00,
저녁 17:00~(예약제)
(월·화요일 휴무)
부산 부산진구 동평로223번길
42(연지동) 010-2332-6743

폭이 좁고 긴 내부 모양에 맞추어 제작한 10인용 테이블이 가게 중앙에 놓여 있다. 도착한 순서대로 안쪽부터 차례대로 앉으면 된다.

박성진 대표는 처음에는 이 공간을 요리 연구실로 사용할 계획이었다. 하지만 음식이 맛있다고 소문이 나고 찾는 손님이 많아지면서 식당으로 운영하고 있다.

'바질 페스토 크림소스와 치즈 오믈렛'은 예쁜 색상의 조합으로 보는 것만으로도 즐거워진다. 바질이 들어간 연두색의 크림소스에 노란색 오믈렛은 입안에서 부드럽게 스르르 녹아내린다. 토마토 스튜 위에 잘 구워진 치킨은 양이 푸짐해 한 끼 식사로도 좋다.

가장 인기가 많다는 목살 바게트를 맛보았다. 빵 사이에 잘 구워진 돼지 목살과 매콤한 소스에 무쳐낸 채소가 가득 들어있다.

같은 테이블에 앉아 식사하나 보니 처음 보는 사람과도 말을 섞게 된다. 일행이 아닌 손님들이 서로 생일을 축하해주며 파티를 열었던 날도 있었다. 저녁은 예약제로만 진행된다.

엄나무 닭개장

어린 시절 명절이면 늘 시골에 있는 큰집에 갔다. 먼 길을 가면서 기대하는 것이 하나 있었다. 바로 큰어머니가 해 주시던 닭백숙 요리다.

큰어머니는 집에서 기르던 닭을 잡아 백숙을 끓여 주셨다. 이제 생각해보니 큰어머니는 피를 잘 못 보는 심성이었던 모양이다. 닭 머리를 물에 넣고 익사시켜 잡던 모습이 지금도 기억이 난다.
한 번은 생 똥집(모래주머니)을 받아 먹었는데 이게 소문이 나서 한동안 동네에서 놀림을 받았다. 어쨌든 노란 기름이 동동 뜨는 백숙 국물이 얼마나 맛있었던지 모른다.

연산동 '엄나무 닭개장'에서 닭 국물을 허겁지겁 들이켜다 돌아가신 큰어머니 생각이 났다. 음식은 추억이라더니….
처음 보는 닭발 편육이 궁금했다. 뾰족한 닭발이 어떻게 편육이 되는 것일까. 평발로 군대 안 간 친구가 축구장에서 날아다니는 것보다 신기했다.

닭개장·닭곰탕 5000원, 닭발 편육 1만
원, 닭한마리·닭도리탕 1만8000원
영업시간 10:00~22:00
(2, 4주 일요일 휴무)
부산 연제구 과정로191번가길 68(연산
동) 051-752-7620

'닭발 편육'이나 '군대 이야기'는 가벼운 안주로 좋
다. 편육을 초장에 찍어 머위지에 싸 먹었다. 오도
독하고 씹히는 소리, 머위의 향긋한 향기, 초장의
달콤한 맛의 삼박자가 즐겁다.

여름철 원기 보충하기에 좋은 메뉴가 닭개장과 닭
곰탕이다.
닭개장은 소고기 대신에 닭고기를 넣어 육개장처
럼 끓였다. 예전부터 영남지방에서 많이 먹었단다.
닭곰탕도 역시 마찬가지다. 여기선 커다란 만두까
지 들어 감사할 따름이다. 이렇게 괜찮은 음식이
5000원의 착한 가격이다. 밥 말아서 퍼 먹으면 기
운이 솟을 것 같다.

이날의 하이라이트는 단연 '닭한마리'였다. 서너 명
이 먹기에도 충분한 닭백숙이 거의 세숫대야급 양
푼에 담겨 나온다. 진한 닭국물에 청양고추가 칼칼
함을 더했다.
얼굴을 박고 정신없이 퍼먹는 모습을 보고 가끔 취

재에 따라다녔던 친구가 한마디 한다. "평소에는
따지듯이 묻더니, 오늘은 어째 아무 말 없이 먹기
만 하느냐"고.
입맛에 딱 맞는 걸 어떡해? 친구야, 오늘은 그냥 즐
기련다.
양념이 강하지 않아 집안 식구 보양에도 좋겠다.
이렇게 먹고 나서 칼국수 넣으면 닭칼국수다. 웬만
한 삼계탕보다 훨씬 낫다.
관절염이나 당뇨에도 효과가 있고 특히 간 해독에
좋은 엄나무가 모든 메뉴에 들었다. 밀양 출신의
이종금 대표가 집에서 먹던 대로 차렸단다. 요즘엔
치킨집은 늘었어도 닭개장이나 닭도리탕 하는 집
을 찾기가 어려워 아쉬웠다.
이날 맛을 보지 못한 닭도리탕도 궁금해 주말에 한
번 더 다녀왔다. 닭도리탕은 붉고 진한 국물이 입
안에 쩍쩍 붙는다. 닭 무침은 새콤해서 자꾸 손이
간다. 동네에 이런 집 하나 있으면 좋겠다.

몽듀

점심-가든샐러드 8000원, 오늘
의 파스타 1만5000원, 저녁-파스
타 코스 3만원, 스테이크 코스 4만
5000원
영업시간 12:00~22:00
(브레이크 타임 15:00~18:00, 일요
일 휴무, 월요일 점심 휴무)
부산 연제구 연제로 21 상가1동 102
호(연산동) 부산지방국세청 맞은편
070-8806-1208

부산지방국세청 맞은편의 한적한 곳에 따뜻한 느낌의 몽듀가 자리를 잡았다. '몽듀(mondieu)'는 프랑스어로 '오 마이 갓' 정도의 의미가 담긴 감탄사다. 이종민·양한나 씨 부부가 손님에게 감동을 주고 싶은 마음을 담은 이름이라고 했다.

제일 먼저 10인용의 긴 대리석 테이블이 눈에 띄었다. 일행이 많지 않아도 넓게 사용할 수 있어서 좋다.

저녁은 파스타 코스와 스테이크 코스 두 가지로, 예약한 손님에 한해서 진행이 된다.

코스는 웰컴 푸드, 애피타이저, 샐러드, 빵, 메인요리, 디저트와 차가 나온다. 잘게 자른 사과 위에 연어가 올려진 애피타이저가 나왔다. 연어와 사과의 상큼함이 잘 어울린다.

메인인 파스타는 고급스러운 금색 유기 그릇에 담겨 나온다. 음식을 따뜻하게 유지하기 위한 선택이었다. 파스타와 유기 그릇, 동·서양 멀리서 온 그들이 오늘에야 짝을 만났다. 채끝 안심을 사용한 스테이크에는 소금과 겨자 소스가 나오니 취향대로 먹으면 된다. 전체적으로 잘 어울리는 메뉴가 구성되어 즐거운 저녁 식사를 할 수 있다. 와인까지 한잔 곁들이니 멋진 저녁이 되었다. 맛있는 음식을 좋아하는 남자와 여자가 만나서 꾸려나가는 따뜻한 곳이 몽듀다. 편안한 식사를 원한다면 오전 10시부터 낮 12시 사이에 당일 예약을 하면 된다.

마마 앤 파파 참숯석쇠구이

마마 커플세트(2인)-생삼겹 150g+
생목살 150g+돼지 양념 180g+수제
소시지 1개 1만9900원, 고추장 불
고기 정식 6500원, 간장게장 정식
6500원
영업시간 11:30~23:00
부산 연제구 거제시장로22번길
60(거제동 현대아파트 앞)
051-804-0085

'마마 앤 파파 참숯석쇠구이'는 시청 주변에서 맛있다고 알려진 집이다.

돼지고기 2인 세트는 생삼겹살, 생목살, 양념 돼지갈비, 수제 소시지로 총 540g이다. 가격은 2만 원에서 100원이 빠지는 1만 9900원. 삼겹살, 목살, 양념 돼지갈비를 순서대로 맛을 보았다. 육즙도 살아 있고 고소한 맛이 일품이다.

점심시간에 찾아갔더니 정식을 주문하는 손님이 많았다. 궁금해서 간장게장 정식을 시켰다. 어묵탕, 장아찌와 정식 기본 반찬 6가지, 된장찌개까지 더하니 테이블이 꽉 찼다.

간장게장 등딱지에 밥을 비벼 먹으니 입안에서 사르르 녹아내린다. 이렇게 먹고 있으니 엄시연 대표가 뿌듯한 표정으로 바라본다. 게장을 담글 때 빡빡 깨끗이 씻어 손질하는 일은 여기서는 너무 당연하다. 힘든 일이지만 게장은 쪽쪽 빨아 먹기에 그렇게 한단다.

엄 대표는 고등학교 시절부터 고깃집 아르바이트를 했다. 그때 꼭 사장님이 되겠다는 꿈을 가졌고, 음식 장사를 시작한 지 10년이 넘었다. 집밥처럼 편안히 먹을 수 있는 음식을 만들고 싶다고 말한다.

이렇게 해서 뭐가 남느냐고 물었다. "적게 남는 것이지 남지 않는 건 아니다"며 크게 웃는다. 그와 이야기를 나누는데 지나가는 동네 주민들 마다 아는 체를 한다.

두더지식당

두더지피자·몰치킨·두더지 파스타
1만5000원
영업시간 12:00~21:00
(브레이크 타임 14:30~18:00, 토요
일은 15:00까지, 일요일 휴무)
부산 연제구 법원북로 81(거제동)
051-506-9881

부산 연제구 거제동에는 법원과 검찰청, 주변 건물에는 변호사 사무실 간판이 가득하다. 땅속을 파고 다니는 두더지가 이 무거운 동네에 나타났다.

두더지식당은 하늘색 외벽에 하얀 간판으로 깔끔한 모습이었다. 좌석이 10개 정도밖에 되지 않는 아담한 규모.

먼저 예쁜 '두더지 피자'가 나왔다. 얇은 도우 위에 치즈와 빨간 방울토마토가 올려져 있다. 가운데는 하얀색 샤워 크림이 솜사탕처럼 포근하게 자리를 잡고, 노란색 올리브유가 뿌려졌다. 알알이 박힌 방울토마토는 적당히 구워져 특유의 향과 새콤한 맛이 난다.

피자를 다 먹어갈 때쯤 '몰치킨'이 나왔다. 치킨으로 만든 스테이크라고 생각하면 되겠다. 겉은 바싹하고 속은 촉촉하게 구워졌다. 갈릭소스는 맛있는 치킨을 더 맛있게 먹을 수 있도록 해준다.

'두더지식당'은 최완규, 황승현 대표가 함께 운영한다. 최 대표는 요리, 황 대표는 서빙과 운영을 담당한다. 최 대표의 전직은 의외로 자동차 엔지니어였다. 그는 "끈기를 갖고 성공할 때까지 연구하고 만들어보는 것이 공통점"이라며 웃는다. 황 대표는 친절하게 손님을 맞이하며 편안한 식사를 하는데 불편함이 없도록 신경을 써준다. 서로를 믿고 각자의 맡은 바를 열심히 한다.

창가에 앉아서 바깥을 보는데 가로수의 초록색 잎이 바람에 흔들린다. 나무 아래에는 매일 찾아온다는 길 고양이 한 마리가 앉아 가게 안을 바라보고 있다. 고양이는 "맛있지?"라고 물어보는 듯한 눈빛이다.

위생보다 뭣이 중한디?

'남자가 흘리지 말아야 할 것은 눈물만이 아니죠.'

여자는 혹시 모를지 몰라도, 볼 때마다 참으로 명카피라는 생각이다. 어라, 소변기 아래에 양탄자 같은 깔개가 놓였네. 서면 '요시노스시' 사장님, 일본에 자주 다닌다 했더니 어디서 이런 걸 구해다 놨다. 귀찮게도 이걸 매일 교체한단다. 가만, 생각 좀 해보자. 세상만사 순환한다. 시원하게 마신 맥주, 밖으로 배출된다. 그중 일부가 바닥에 떨어져, 신발 밑창에 묻기도 해서, 음식점 안에서 맴돌 테니…. 메르스 사태가 까마득한 옛날 같지만 따져보니 지난해다. 대중이 모이는 음식점이 얼마나 위험한 곳이 될 수 있는지 그때 실감했다. 먹방은 차고 넘친다. 음식점의 위생 문제에는 왜 무심할까.

위생 하니 '덕천고가'가 생각나 찾아갔다. '반찬은 두 번 쓰지 않습니다. 그릇은 다섯 번 세척합니다'라고 대문짝만 하게 걸렸다. 주방 입구에는 '주방 출입 시 신발 소독 철저히, 주방에 들어오실 분은 주방용 신발로 갈아 신어주세요'라고 붙여놓았다. 고온 살균 건조기 앞에는 '청결은 덕천고가의 목숨이다. 이 소독기 하나만으로도 덕천고가에서 식사를 해야 하는 충분한 이유가 됩니다'라고 써놓았다.

번쩍거리는 스테인리스 테이블을 앞에 두고 '위생병(?)'으로 19년째 전투를 치르고 있는 권경업 대표의 이야기를 들었다. "식당에 처음 나와 일하는 아주머니들이 공통으로 하는 이야기가 '식구들 식당 밥 먹이면 안 되겠다'입니다." 그만큼 보이지 않는 위생 문제가 심각하다. 대개의 나무 상은 잘 닦았는지 표시가 안 난다. 하지만 스테인리스는 바로 표시가 나 신경 써서 안 닦을 수가 없단다. 반찬 그릇도 흰색만 쓴다. 색깔이 짙거나 점이 찍힌 그릇은 묻어도 표시가 잘 안 난다. "실수로 들어간 이물질보다 화학 세제가 위험합니다." 투명한 화학 세제는 표가 안 나 잔류 세제가 남아 있어도 덜렁 낸다. "우리는 주방 개수대를 5개 파티션의 일렬로 구성해, 다섯 번 씻지 않으면 놓을 자리가 없게 만들었습니다." 그가 심하게 위생에 신경 쓰는 이유가 인상적이다. "요즘 젊은이들은 너무 깨끗하게 자라 면역력이 떨어져 굉장히 위험합니다. 우리 때는 험한 음식을 먹고 자라 아이러니하게도 면역력이 생겼는데…."

국민권익위원회가 2016년 5월까지 국민신문고에 접수된 음식점 이용 관련 민원 965건을 분석한 결과, 불만 유형은 '위생 불량'이 가장 많았다. 식당 위생 상태를 공개하는 음식점 위생등급제가 내년 5월부터 시행된다. 뭣이 중한지 생각해볼 일이다.

동래구·
금정구

통나무하우스

"상 들어갑니다. 지금 철에
맛있는 배추는 멸치젓,
취나물과 방풍나물은 강된장에
찍어 드시오. 방풍나물로 풍
예방하시고, 취나물 먹고는
제발 술 좀 덜 잡수시오."

"생굴은 꼬시래기(해초의 일종)와 같이 싸서 초장
에 찍어 드시오. 식감이 확 살아날 것이오. 가는 날
이 장날이라지만 손님들은 운도 좋소. 이건 오늘
담근 김장김치요. 김장날에 만든 김치에 굴을 싸서
먹으면 두말할 필요가 없소. 살짝 데친 피조개는

간장에 버무린 뒤 파 쏭쏭 썰어 올렸소. 입보다 한
발 앞서 눈이 행복하지 않소? 경상도 음식인 과메
기가 쫄깃한 게 맛이 들었소. 포항에선 중국집에도
과메기가 나온다지만 멀리 갈 필요가 뭐 있겠소.
슴슴하고 간도 좋은 나물 맛은 어떻소? 나물은 이
처럼 한발 물러서야지 튀면 아니 되오. 문어도 맛
나게 잘 삶았소. 파전은 두께만큼이나 맛에도 깊이
가 있소. 금값이라는 알 밴 도루묵 조림 맛 좀 보소.
깨물면 톡톡 터지는 소리가 어떻소? 이젠 전라도
로 넘어가 삼합 맛 좀 보소. 홍어의 삭힌 정도가 임
자 마음에 드시오?"

'내 밥상 위의 자산어보'에 나온 것들이 줄줄이 불
려 나오니 소설가 한창훈 선생도 침을 흘릴 판이
다. 이 좋은 안주에 어찌 매정하게 한잔 안 할 수가

코스 4만~5만원, 점심 특선 1만원
부산 동래구 온천장로 64(온천동) 늘봄호
텔에서 농심호텔 올라가는 일방통행 길
영업시간 10:00~22:00(일요일 휴무)
051-555-8777

있으랴. 청주 잔 부딪치는 소리가 청아해서 듣기 좋다. 국물도 폼만 나는 게 아니라 맛있다. 굴전은 기름기 쫙 뺀 게 꼭 비단 자락 같다. 다 좋지만 마지막에 나온 소금간만 해서 조그맣게 싼 김밥이 제일 좋았다. 다시 아이로 돌아간 기분이었다.

'통나무하우스'의 매력은 음식뿐만이 아니다. 상에 오른 하나하나에 대해 설명하는 직원들의 응대가 좋았다. 준비한 음식에 대해 확실하게 알고 있었다. 주방은 넓고 깨끗했고, 홀에는 시나 그림의 편액이 걸려 운치가 있었다. 한자 '壽花福城(수화복성)'을 못 읽어 물었다. '외상사절'이라는 직원의 답변에 웃음보가 터졌다. 이 집에는 정말 복이 들어오겠다. 바바리에 머플러 차림 중년 여성이 누군가를 기다리며 신문을 읽고 있다. 손님까지 품격이 느껴진다.

온천장은 부산 음식의 메카였고 이 집은 그 맥을 잇고 있었다. 직원들에게 김은훈 대표에 대한 평을 부탁하니 "시장의 괜찮은 재료는 싹쓸이를 한다. 첫 물이어서 가격이 비싸도 개의치 않고 꼭 안주로 올린다"고 말한다.

김 대표를 주방에서 불러내 인복도 많다고 덕담을 건넸다. 김 대표는 "직원들은 그냥 잘 하지 않는다. 상전으로 모셔야 한다"고 일침을 놓는다. 그는 "우리 집은 맨투맨으로 누가 뭐 좋아하는지 기억했다 내놓는다. 웰빙식 점심 특선도 아주 맛있다"고 할 말만 하고 들어간다. 보기 드물게 음식, 사장, 종업원 삼위일체가 되는 집이다.

'통나무하우스'라는 약간 정체불명의 이름만 빼고 다 마음에 든다.

수선재

'수'정식 2만8000원, '선'정식 1만
8000원
영업시간 점심 12:00~15:00,
저녁 17:00~21:30
부산 동래구 사직북로13번길 44-
4(사직동) 051-504-7733

장유에서 약선한정식집으로 10여 년간 이름을 알렸던 '수선
재'가 허진 대표의 고향인 부산으로 돌아와 사직동에 자리 잡
았다. 호텔마케팅 매니저 출신인 허 씨는 서비스, 부인인 강태
현 씨는 요리 담당이다.

강 씨는 사찰 음식의 대가인 적문 스님의 문하생이었던 친정
어머니로부터 맛을 전수받았다. 장유에서 음식점을 크게 하
다 생각을 바꾼 부부가 작은 가정집을 얻었다. 집에 온 손님
을 대접하듯이 해보기로 했다.

자그마한 방들로 꾸며진 실내에는 가야금 가락이 잔잔하게
울려 퍼진다. '수'정식을 시켰더니 겨우살이 차가 먼저, 곧이
어 연자(연꽃씨앗)죽이 나온다. 메뉴판에도 상세한 설명이 있
지만 허 대표는 음식이 나올 때마다 효능을 이야기해준다. 산
지에서 직접 구해 온 좋은 재료를 남기면 안타까운 마음이 들
어 하나라도 더 먹이고 싶어서 설명을 시작했다.

약선이라 해서 풀만 나오는 것은 아니다. 식감과 맛이 좋은
버섯으로 두부 속을 채운 요리부터 우렁이까지, 들깨탕에는
인디언감자도 들어간다. 몸에 좋은 재료와 새로 나온 재료가
있으면 구해서 연구하고 원래의 것과 접목해 신메뉴를 만들
어 낸다. 배가 부른데도 맛있는 요리가 계속 나온다. 메뉴판에
서 세어보니 16가지다. 오이가 들어간 만두인 '규아상'은 상
큼하다. 향긋한 연잎밥까지 각기 다른 향과 맛을 내며 어우러
진다. 마지막으로 다시마를 넣어 지은 밥과 된장찌개까지 푸
짐하다. 좋은 거 많이 먹이고 싶은 마음이 묻어났다.

진양호식당

동래시장 건물 1층에 들어서면 비슷한 생김새의 식당이 이어진다. 시장 구경을 하며 '진양호식당'까지 찾아가는 재미가 있다.

정식 5000원, 비빔밥 5000원,
보리밥 5000원
영업시간 7:30~23:00
(3주 일요일 휴무)
부산 동래구 동래시장길 14 동래시
장 내 B-98(복천동)
010-6523-8290

백정자 대표가 음식을 하는 주방 앞쪽으로는 냉면 그릇에 오늘의 반찬이 수북이 담겨 있다. 진양호식당의 메뉴는 세 가지이다. 정식, 비빔밥, 보리밥 중에 선택하면 된다. 사실 큰 의미가 없다. 흰밥을 선택하면 정식이 되고, 큰 그릇을 받아서 반찬과 비벼 먹으면 비빔밥, 보리밥을 선택하면 그냥 보리밥이 되는 시스템이다. 밥을 뜨는 사이 백 대표는 작은 접시를 하나 내어 준다. 먹고 싶은 반찬을 담으라는 거다. 10가지가 넘는 반찬을 조금씩 담았다. 뷔페식이다. 그 사이 프라이팬에서 잘 구워진 생선 한 마리, 쌈 채소, 된장국, 강된장, 젓갈을 자리에 놓아 준다. 5000원짜리 시장표 뷔페가 너무나 푸짐하다.

한 남자 손님은 회를 안주로 소주 한잔 중이다. 분명히 이 집에서는 회를 팔지 않는데, 이상하다고 생각했다. 그 단골은 "진양호식당에서는 안 되는 것 없다"며 설명해준다. 1인당 기본 반찬값 3000원을 내면 어떤 메뉴도 먹을 수 있다. 삼겹살구이, 한우 구이, 회 등 시장 안에서 파는 메뉴라면 다 먹을 수 있다.

옆에 앉은 또 다른 단골은 저녁 늦게 마치는 시간쯤에 찾아왔더니 남은 반찬을 가득 싸 주더라는 이야기를 한다. 백 대표는 "어차피 내일 못 파는 거다. 인심이라도 쓰는 거지"라며 별일 아니라는 듯이 이야기한다.

영남식육식당 명품관

대패등심·제비추리 120g 2만5000
원, 국내산 한우 안심 100g 2만
3300원. 수제냉면 7000원
영업시간 11:00~22:50
부산 동래구 충렬대로 406(안락동)
한전 동래지사 앞 051-528-7222

설화(雪花)등심! 하얗게 핀 눈꽃이 곧 겨울이 물러감을 아쉬워한다. 숙성시켜 꽃발이 화려하고 예쁘게 올라온 것이다. 눈꽃이 불판 위에서 사라지고, 갈색 추억의 점으로 남았다. 농후한 치즈처럼 진한 육즙이 신음하듯 터져 흘렀다.

영남식육식당은 부산에서 고기 맛의 대명사로 자리 잡았다. 이승무 대표는 안락동에 기존의 영남식육식당을 업그레이드시킨 '명품관'을 냈다. 잘나가 보이는 이 대표도 하는 일마다 안 되던 시절이 있었단다. 벼랑 끝에 선 심정으로 전국의 한우 전문가를 찾아 다녔다. 강원도 횡성에서 한 고깃집 사장님을 만났다. 오랜 세월 무릎 꿇고 서빙을 해서 무릎에 굳은살이 박인 것을 보고 부족한 점을 깨달았다.

동래구 안락동 영남식육식당 명품관 고기 맛의 비결은 숙성에 있다. 특이하게도 습식과 건식 숙성을 병행한다. 건식 숙성은 '드라이에이징'이라는 이름으로 요즘 유행같이 퍼지고 있다. 맛은 좋지만 버리는 부위가 많아 가격이 비싸다. 반면 습식 숙성은 풍미가 부족하다. 고기 맛을 결정짓는 것은 온도와 공기. 고기의 손실 없이도 맛은 드라이에이징에 버금가게 만드는, '중도의 미학(味學)'을 찾았다.

명품관에서는 원하는 부위별로 주문할 수 있다. 한우 등심을 얇게 썰어 롤 형태로 돌돌 말아 나오는 '대패 등심' 강추다. 이 진한 맛을 보면 세상사가 싱겁게 여겨진다.

라라관

금정구 장성시장의 '라라(辣辣)관'. 중국어로 '라(辣)'가 맵다
는 뜻이다. 중국 몇몇 지역 방언으로 '라라'는 '수다를 떨다'는
의미도 있단다. 매운 사천 요리를 먹으며 이야기를 나누고 싶
다는 뜻을 담아 지었다.

마파두부덮밥 7000원, 어향가지
8000원, 탕수갈비 1만5000원
영업시간 17:30~22:30(수요일 휴무)
부산 금정구 수림로61번길 37 1층
(장전동) 010-7474-8385

가게 입구 빨간색 입간판에는 오늘의 메뉴와 재료의 원산지
가 적혔다. 그중 가장 눈에 띄는 것은 주인장이 국산이라고
적힌 대목이다. 김윤혜 대표는 대학에서 중어중문학을 전공
했다. 한국말 잘하는 중국인으로 자주 오해를 받아 그렇게 적
었다며 웃는다.

어째 발끝의 감촉이 폭신하다. 자리에 앉고서야 그 이유가 해
바라기 씨앗 때문이라는 사실을 알게 되었다. 내놓은 씨앗을
다들 무념무상으로 까먹는다. 그리고 껍질을 바닥에 버린다.

먹음직스러운 마파두부를 밥과 함께 크게 한 숟가락 떴다. 고
소한 두부와 매운 듯 맵지 않은 소스의 맛이 조화되어 일품이
다. 중국 산초 덕분에 혀가 얼얼하다 '어향가지'는 가지를 튀
겨 달콤한 소스에 버무려 냈다. 가지를 어떻게 했는지 식감이
마치 고기 같다. '탕수갈비'는 고기를 좋아하는 사람이라면
꼭 먹어봐야 할 메뉴다. 고소한 돼지고기 맛을 달콤한 소스로
잘 살렸다.

김 대표는 쓰촨 성 청두 현지 요리학교에서 사천 요리를 배웠
다. 중국어를 전공했기에 가능했을 것이다. 지금 전공을 가장
잘 살린 일을 하고 있다며 크게 웃는다. 매사에 즐거워 보인
다. 사천식 마파두부덮밥 외에 나머지 요리는 매주 달라진다.

맛나분식

'천 원의 행복'을 느껴보고 싶으신가요? '서동미로(美路)시장' 안에서 계란만두를 주문해 보세요.

계란만두·떡볶이·파전·순대 1000원, 국수 2000원
영업시간 9:30~20:30
부산 금정구 서동시장길 42-4(서동) 051-522-9757

원래 의미는 '아름다운 길'이지만 이리저리 얽혀 있는 골목이 '미로(迷路)' 같았다. 세 개의 시장을 통합해서 지은 이름이라는데 정말 안성맞춤이다.

가게 문을 열고 들어섰다. 학생들이 자리에 앉아서 여러 가지 분식을 먹고 있다. 아기 엄마도 한 명 보인다. "집에서 해 먹어도 어릴 때 여기서 먹던 맛이 아니더라고요. 친정 오는 김에 왔어요"라며 주인과 이야기를 나눈다. 추억이 있어서 더 좋은 집, '맛나분식'이다.

주문과 함께 네모난 프라이팬 위에 식용유 한 숟가락을 뿌린다. 그 위에 물에 불린 당면을 한 움큼 올렸다. 당면 위에 달걀 2개를 올려 얇게 펴서 굽는다. 달걀이 어느 정도 익으면 밀가루 반죽을 부은 뒤 앞뒤로 노릇하게 구워낸다.

구워진 계란만두를 간장 양념장과 함께 먹으니 고소하다. 당면의 존득한 식감 덕분에 더 맛이 난다. 떡볶이 양념과도 잘 어울린다.

김수연 대표가 계란만두를 만들어 팔기 시작한 지 벌써 30년이 넘었다. 만두 모양이 아닌데 왜 계란만두라고 부르는지 궁금했다. 처음에는 동그랗게 부친 뒤 반을 접어 반달모양으로 만들어 만두와 모양이 비슷했다. 전처럼 부쳐 내는 것이 더 고소하고 맛이 있어서 모양을 바꾼 거라고 이야기한다. 그는 "적은 돈으로 배부르게 먹을 수 있는 음식을 생각하다가 만들었다. 그때는 다들 어렵게 살았다"고 말한다.

북구·사상구·사하구·강서구

회랑족발

"둘은 안 어울리는데…."
누군가 SNS에 올린 글을 보고
고개를 가로저었다.
부산 사상구 모라동의
'회랑족발'에서는 회와 족발,
이 두 가지를 한번에 먹을
수 있다고 했다.

얘들도 얼마나 당황스러울까. "너희 둘 같이 이리
나와봐" "싫어요! 우리는 고향도 다르고, 가치관도
다른데, 왜 우리가 옆에 나란히 앉아야 하는데요?"
둘은 입이 삐죽 튀어나와 이렇게 말하지 않을까.
그래. 궁금하면 가보는 거다.

가게 이름과 같은 메뉴 '회랑족발'은 활어회와 족
발이 함께 나오는데 2만 원도 안 한다. 그런데 이게
웬일이야. 생선회 전용 간장에 생고추냉이까지 나
온다. 함께 나온 계란말이는 큼직하고, 오뎅탕에는
오뎅이 수북하다. 게다가 복 껍질 무침 안주까지.
이것만 해도 소주 2병은 마시겠다.
생선회가 먼저 나왔는데 두툼하게 썬 광어와 농어
는 아주 쫀득했다. "음 맛있네요." 초밥용 밥 위에

회랑족발(활어회+족발) 2만3000~
3만3000원, 모둠회 2만~4만원,
왕족발 1만8000~2만3000원
영업시간 14:00~24:00
(1, 3주 월요일 휴무)
부산 사상구 백양대로 933-21(모라동)
모라중학교 정문 건너편 골목 안
051-324-6333

생고추냉이까지 얹어 나왔다. '셀프 초밥'을 만들어 입에 넣었더니 그 또한 별미다.

살짝 어두운 빛의 족발이 처음에는 내키지 않았다. 족발이라면 오일 발라 태닝한 구릿빛 피부처럼 반짝반짝해야 맛있어 보이는데…. 그런데 막상 먹어보니 잡내가 없어서 좋다. 매일 가마솥에 삶은 신선한 족발이란다. 이 집 음식을 믿고 먹을 수 있는 이유가 정문에 붙었다.

"우리 집 가게에는 없는 것이 2개 있습니다. 입에 착착 붙는 화학조미료와 족발에 윤기 반질반질하라고 넣는 캐러멜색소가 없습니다." 족발 특유의 갈색빛을 내기 위해 족발을 삶을 때 캐러멜을 사용하는 집들이 많다. 빤질거리는 사람을 믿기 어렵듯이 빤질거리는 족발도 의심해야 한다.

그래. 그게 고맙긴 하지만 이 구석진 곳에서 겉멋든 눈과 쉽게 배신하는(?) 세 치 혀를 무시하고 장사가 될까, 염려가 되었다.

회 다음에 이어지는 족발이 리드미컬했다. 회가 싫으면 족발, 족발이 싫으면 회를 먹으면 된다. 둘 다 사랑하고 술까지 사랑하는 손님이라면 '땡큐'다.

우연히도 춤패 '배김새'의 하연화 대표를 만나 예술인들이 여기 많이 온다는 이야기를 들었다. 그렇다면 틀림없이 싸고 맛있는 집이다.

벽에는 단골의 낙서가 어지럽다. "절대 안 예쁜 김유순 사장님. 사랑해!" "이 집은 물도 맛있다" 등등 절대적인 지지를 받는 모습이다. 사장님은 얼굴 대신 사상과 맘이 예쁘다는 사람도 있었다.

유순 씨는 낮에는 한 병원에서 '실장'으로, 또 의식 있는 열혈시민으로 이리 뛰고 저리 뛴다. 두 번째 간 날 유순 씨는 한 가지 비밀을 공개했다. 7남매의 막내로 원래 이름은 '막순이'였단다. 영화 '국제시장'에서 눈물을 쏙 뺐던 입양아의 이름과 같다.

처음에는 탁자가 4개에 불과하다 탁자 8개짜리 가게를 코앞에 하나 더 열고 확장했다. 새 마음으로 하는 새 가게에는 그새 새 낙서가 붙어 있었다. "이런 맛을 이런 가격에 내놓다니 이것은 장사가 아니라 복지 차원이라고 봐야겠다"라고. 생선회와 족발이 안 어울린다고 생각한 것도 잘못된 편견이었다고 고백한다. 둘은 참 잘 어울렸다.

느루 한정식

평일 코스 1만5000원, 2만원, 2만
5000원, 3만5000원, 주말·공휴일
코스 2만5000원, 3만5000원
영업시간 11:30~23:30
부산 북구 덕천로 375(만덕동)
051-342-0212

만덕터널 뒤편 백양산 자락 '느루 한정식'에 도착하면 먼저 상쾌한 공기가 손님을 반긴다.

느루 한정식의 방 입구마다 디딤돌이 있고 그 위에는 하얀 고무신이 한 켤레씩 놓였다. 방으로 들어가니 오후 햇살이 조각보를 통해 가득 들어온다. 식사를 하는 공간이 개별방으로 분리 되어 일행끼리 편안하게 이야기 나눌 수 있다.

코스는 4가지 중 선택하면 된다. 음식의 색, 질감과 잘 어울리는 도자기 위에 예쁘게 담겨 나와 마치 한폭의 그림 같다. 간이 세거나 자극적이지 않다. 조미료를 사용하지 않고 효소와 약재를 사용한다. 재료 본연의 맛을 즐길 수 있는 건강한 맛이다.

다른 곳에서는 잘 먹지 않게 되는 튀김, 잡채도 여기서는 맛이 있다. 나오기 직전에 만드니 그렇다. 튀김은 바싹하고 잡채도 퍼지지 않고 간이 딱 맞았다. 어떤 재료로 어떻게 만들어진 것이라고 설명하며 권하니 평소에 좋아하지 않는 음식도 먹게 된다.

식사는 연잎으로 싸서 쪄 낸 찹쌀 밥과 시래깃국이 나온다. 마지막엔 봄에 직접 솔잎을 따서 담갔다는 솔잎차가 나왔다. 입안 가득 상쾌한 솔 향으로 식사를 마무리했다.

진예경 대표는 요리하는 것이 즐거워 20년이 훌쩍 넘는 세월 동안 여러 음식점을 운영했다. 그 경험을 바탕으로 음식을 만든다. 그는 "느루란 '한꺼번에 몰아치지 아니하고 오래도록'이란 뜻이다. 이처럼 서두르지 않고 천천히 건강에도 좋고 맛도 좋은 요리를 만들고 싶다"고 말한다.

삼소(三笑)
통나무집 숯불구이

숲속 통나무집에서 식사를 하면 어떤 기분일까. 만덕 1터널 위에 자리 잡은 '삼소 통나무집 숯불구이'에 가면 그 기분을 느껴 볼 수 있다. 나무에 둘러싸인 2층 통나무집과 원두막처럼 생긴 작은 집이 눈에 들어온다. 권영애 대표가 2년에 걸쳐 소나무와 황토를 사용해 직접 지은 집이다.

유황생오리숯불구이(1kg) 3만 3000원, 오리탕 4만원, 산채 돌솥 비빔밥 1만원
영업시간 10:00~22:00
부산 북구 중리로 78(만덕동)
051-333-4277

왜 '삼소(三笑)'일까. 들어올 때 한 번, 음식이 맛있어서 한 번, 나갈 때 한 번 이렇게 세 번을 웃었으면 좋겠다는 바람에 지은 이름이다. 여기에 온 손님 모두 기분이 좋아지길 바라는 마음이라고 했다. 웃으면 복이 오고 건강에도 좋다.

'삼소'는 2003년 6월에 시작했다. 오리 숯불 불고기를 시키고 자리에 앉았다. 장아찌를 포함해 10여 가지의 반찬이 먼저 차려졌다. 장아찌는 제철 채소를 사서 그가 직접 담근다. 짜지도 않고 아삭하면서 새콤달콤 맛이 있었다. 같이 나온 나물이며 모든 것이 간이 딱 맞다. 맛있다고 소문이 난 집은 반찬만 먹어 봐도 느낌이 온다.

오리 숯불 불고기에서는 불향이 솔솔 난다. 다 익혀 나왔으니 올려진 부추가 살짝만 익으면 바로 먹으면 된다. 장아찌와 함께 먹으니 입안에서 사르르 녹는다. 권 대표는 매일 아침 가게 문을 열기 전에 그날 쓸 채소 등 부재료를 직접 장본다. 좋은 재료로 맛있게 만든 음식에 대한 자부심이 느껴진다. 이날 편안한 숲속 통나무집에서 세 번보다 더 많이 웃었다.

해물왕창칼국수

해물왕창칼국수 8000원(2인분
부터), 해물파전 8000원, 소고기
육전·밀면 5000원, 수제왕만두
4000원
영업시간 11:00~21:30
부산 사상구 사상로 316(덕포동) 도
시철도 덕포역 2번 출구
051-939-2579

도시철도 덕포역 2번 출구 앞. 밖에서도 훤히 들여다보이는 깔끔한 음식점의 분위기에 이끌려 들어갔다. 상호가 '해물왕창칼국수'라더니 칼국수가 8천 원이면 너무 비싼 거 아닌가?

꽃게, 가리비, 새우, 바지락, 홍합에 통오징어를 썰어 넣어 해물이 아홉 가지가 들었다. 해물탕이 이 가격이면 싸다는 생각으로 금세 바뀌었다. 먼저 보리밥을 새콤한 열무와 된장에 비벼 먹도록 조금 가져왔다.

해물이 우러난 육수에선 진한 감칠맛이 요동쳤다. "이 정도면 웬만한 해물탕보다 낫다"는 이야기까지 나왔다.

"면 들어갑니다!" 꽤 열심히 먹은 뒤였다. 자가제면한 생면 칼국수를 들고 다가왔다. 넓적한 면이 짭조름한 국물 사이를 한참 헤엄쳤는데도 쫄깃하다.

진주식 육전 밀면이 있다는 말에 호기심이 일었다. 진주냉면과 부산 밀면이 만나 밀면에 소고기 육전이 듬뿍 들어갔다. 우둔살 육전은 아주 고소했다. 72시간 인고의 시간을 고았다는 물 밀면에는 한약재까지 들었다.

소고기 육전은 따로 판매하고, 해물왕창칼국수에 넣고 남은 오징어 다리 등은 해물왕창파전에 '왕창' 사용되어 재료가 서로 유기적으로 이어지고 있었다.

박기대 대표는 대기업을 다니며 취미로 마라톤을 했다. 어느 날 잘할 수 있는 일, 평생 할 수 있는 일을 하자고 결심했단다. 박 대표는 "마라톤을 하며 오버하지 않고 꾸준히 하면 롱런할 수 있다는 것을 배웠다"고 말한다.

할매족발

모라전통시장을 지나다 '40년 전통'이라고 쓰인 현수막 앞에 멈췄다.

족발 1만원, 1만5000원, 2만원,
냉채족발 1만5000원
영업시간 08:00~10:00
부산 사상구 사상로481번길 23(모
라동 모라전통시장 33호)
051-302-6200

여기가 '할매족발'이었다. 가게 입구에서는 송순이 할머니가 열심히 족발을 썰고 있다.

그런데 포장해 가려는 손님들이 줄을 서서 할머니 손만 바라보고 있었다. 왜 그럴까. 할머니가 대뜸 고기를 크게 한 점 잘라 손님들 입에 쏙쏙 넣어주었다. 마치 엄마 제비가 새끼 제비에게 먹이를 주는 것 같았다. 할머니는 "시장에 오면 이런 재미가 있어야지"라고 혼잣말을 던졌다.

아주 어릴 때부터 왔다는 꼬마 손님에게는 "한 입은 섭섭하지"라며 한 점을 더 입에 넣어주었다. 그 꼬마는 행복한 표정으로 엄마 손을 잡고 가게에서 멀어졌다.

군침을 흘리고 있던 나에게도 어김없이 족발 조각이 입속으로 쑥 들어왔다. 거부할 틈도 없었다.

가게가 크지 않은 탓에 퇴근시간이면 술 한잔 하려는 손님들로 빈자리가 없다. 지인의 집도 근처라 포장을 해 가서 먹기로 했다. 1만 원부터 시작하는 족발은 양도 넉넉하고 가격도 착했다.

포장한 족발을 그릇에 담아서 먹어보니 살코기는 퍽퍽하지 않고 부드럽다. 비계는 쫄깃하게 잘 삶겼다. 우리 할매가 생각났다. 예전에 우리 할매도 내 입에 맛있는 것을 넣어주며 좋아했는데….

투히엔

사상의 베트남 전통음식점 '투히엔'은 막티휜 대표의 이름을 땄다. 2005년 한국으로 시집온 철없던 베트남 여성이 어엿한 베트남 음식점 사장님이 된 것이다.

각종 쌀국수 7000원, 볶음밥 7000원, 월남쌈튀김·쌈말이 5000원, 샤부샤부 3만~4만원
영업시간 11:00~22:00
부산 사상구 사상로309번길 19(덕포동) 부산도시철도 덕포역 1번 출구로 나와 부산은행 옆 골목
051-301-8623

양지·안심·해물쌀국수를 골고루 시켜 맛을 봤다. 베트남의 맛이다. 베트남 쌀국수는 이렇게 순한 맛이 나야 한다. 해물쌀국수는 얼마나 시원한지 모르겠다. 뻘건 색 국물의 쌀국수는 베트남 북쪽에서 많이 먹는단다. 볶음국수는 줄서는 어떤 볶음국숫집보다 낫다. 월남쌈 튀김과 쌈말이도 좋았다. 베트남 해물 소스인 느억맘이 제대로이니 당연하다.

베트남 손님들이 많아 꼭 베트남에 와 있는 기분이 든다. 알고 보니 베트남 현지인이 즐겨먹는 메뉴는 따로 있었다. 염소 레몬그라스 무침은 노린내는커녕 레몬 향이 더해져 염소고기 맛이 아주 산뜻하다. 염소탕은 염소 고기에 각종 두부가 들어간 염소 전골 요리였다. 아무리 먹어도 질리지 않는 시원한 육수에 우레 같은 박수를 보낸다.

막 사장은 한 달에 한 번은 노인, 장애인, 다문화가족 등에 봉사를 하겠다고 다짐하더니 2016년 5월 '세계인의 날'을 맞아 법무부 장관 표창과 부산시장 표창을 동시에 수상했다. 월남댁 막 사장, 참 장하요!

돌산산장

오리소금구이 3만원, 촌닭백숙 5만원, 계봉찜 5만원, 녹두빈대떡 1만원, 시락국 5000원
영업시간 10:30~23:00
부산 사하구 승학로71번길 143(당리동) 동원베네스트 아파트 아래
051-208-4313

김장철이 되자 사하구의 '돌산산장' 생각이 절로 났다. 묵은지 김치로 이름난 '돌산산장'의 상차림은 푸짐한 시골밥상을 보는 것 같다.

사실 김치 담그는 비결은 있었다. 하지만 그보다 이 집 단골 최원준 시인이 "김치를 많이 담아서 나눠주다 보니 맛이 좋을 수밖에 없다"고 한 마디 던진 게 더 와 닿았다.

이준현 대표 아들의 결혼식 때 주례선생님이 "어머니가 봉사를 많이 하니 며느리도 대를 이어 봉사를 많이 했으면 좋겠다"고 했을 정도다.

오리소금구이는 스타일부터 달랐다. 오리고기 위에 채소를 수북하게 올리고, 묵은지로 맛을 압박해 들어갔다. 촌닭백숙은 고기의 쫄깃함이 달랐고, 옻 오리백숙의 국물은 보약이었다. 해물파전에는 해물이 너무 많아 투정이 나올 정도였다.

가락국 허황후에서 유래돼 김해 허씨 문중에 이어져 왔다는 '계봉찜'이라는 특별한 요리도 궁금하지 않을 수 없다. 이 또한 김치에서 우러나는 국물 맛이 좋아 시원하고 깊은 맛이 난다.

이 대표 세례명은 마르타(Martha), 남을 돌보아주기 좋아하는 유형의 여인을 대표하는 이름으로 오늘날까지 전해진다. 이 대표가 문자 메시지를 보내왔다. "제가 이제는 진짜로 돈을 벌고 싶거든요. 도와줄 데는 너무 많은데, 마구 주고 싶은데…."

히토

참치뱃살+뱃살 초밥 3만5000원,
5만원, 가마살통구이 2만5000원,
참치스테이크 1만원
영업시간 15:00~24:00
(일요일 휴무)
부산 강서구 명지오션시티8로22번
길 17(명지동) 하늘채 101호
051-294-1777

명지의 한 참치집에서 손님에게 자작시를 읽어주고 대가로 돈 1천 원씩 받아 챙긴다(?)고 했다.

가게 이름을 물었더니 글쎄 '히토는 사람(히토=사람)'이라는 게 아닌가. '빙고는 개 이름'이라지만, 무슨 상호가 그럴까.

시와 그림의 전시 공간을 겸한 가게는 의외로 깔끔했다. 둘이서 참치 뱃살+뱃살 초밥 5만 원짜리를 주문했다. 우선 양이 꽤 되었고 참치 뱃살의 상태가 괜찮더니 역시나 맛도 있었다.

3명 이상이면 도합 8만 원에 머리 살과 눈물주를 먼저 먹고 나머지를 오븐에 구워주는 코스를 권한다.

전경실 대표가 땀을 흘리며 한참을 참치 머리 살을 발라내더니 이윽고 '열두 달'이라는 자작시를 손님에게 읽어준다. "하루는 사랑하는 이들을 위해/또 하루는 나 자신을 위해/그렇게 한 달이 지나고 또 하루가 저물어 갑니다…."

전 대표는 국제 무역을 20년 넘게 해온 무역인이자 시인이다. 직장을 마치면 또 요리인으로 변신한다. 그의 주장은 이렇다. "저는 돈을·좇는 사람이 아니고, 시가 좋아서 행위 예술을 하는 겁니다. 좋은 집에 좋은 분들이 많이 오면 좋겠습니다."

가게에서 모은 '사랑의 모금함'은 사하구 복지관에 전달되어 독거 노인 점심 지원에 쓰고 있다.

최근에는 두 달에 한 번 독거 어르신 열 분에게 뱃살 초밥 식사를 대접하기로 MOU를 체결했다.

기장군

낙장불입

특이한 상호 '낙장불입'은 '낙지 장어 불티나게 입속으로'를 줄인 말이란다. 김호광 · 정순점 씨 부부 막내딸의 톡톡 튀는 작명이다.

산낙지연포탕 4만원, 5만5000원,
장어구이 한 판 4만원, 전복장어탕
1만원, 해신탕 12만원
영업시간 10:00~22:00
(일요일 휴무)
부산 기장군 정관읍 달산3길 16
051-704-0022

소문난 연포탕과 함께 신상 메뉴인 장어구이를 시켰다. 먼저 들어온 양념 장어구이, 이 고운 때깔, 농염한 자태 좀 보소. 선어 상태의 장어를 훈훈한 양념에 버무렸다. 바다 장어인데 어찌 부드러운지 민물장어 느낌이 난다. 함께 나온 내장 또한 별미다. 마늘과 명이 장아찌 올려 한 쌈 싸서 '자기 한 입, 나 한 입'에 밤이 짧다.

여기 연포탕은 커다란 키조개가 들어간 게 특징이다. 무, 콩나물, 모시조개, 버섯, 인삼, 대추 등 몸에 좋은 것을 모두 넣고 샤부샤부처럼 만들어서 먹는다. 낙지는 연포탕 맨 마지막에 투하한다. 앗 뜨거워! 낙지가 허겁지겁 탈출을 시도하지만 때는 늦었다. 살짝 데친 낙지는 야들야들 부드럽다. 이윽고 터지는 먹물….

연포탕의 은은한 국물이 시원하다. 염도계를 가져다 재니 0.4~0.5%에 불과하다. 소도 벌떡 일어난다는 연포탕이다. 게다가 저염으로 신경을 썼으니 몸보신에 이만한 게 없겠다.

먹고 남은 장어 양념에 밥을 볶아주는데 그 맛이 일품이다. 볶음밥 위에 붕어 모양 계란 프라이 두 마리를 올려줘서 웃음이 터졌다. 맛있는 음식에 재미까지 더했다.

아홉산

철마에 삼계탕을 먹으러 오라고 해서 찾아간 곳이 '아홉산'이다. 그런데 뜻밖에도 메뉴가 '상계탕'으로 되어 있다. 삼(蔘)이 들어가면 삼계탕, 뽕이 들어가면 상계탕(桑鷄湯)이다.

꾸지뽕 상계탕 1만3000원, 오리·닭백숙 5만5000원, 설렁탕 8000원
영업시간 10:00~21:00
(금요일 오후 휴무)
부산 기장군 철마면 철마로 486
051-722-4592

여기서 뽕은 꾸지뽕이다. 처음 맛본 상계탕에서는 약초 냄새가 희미하게 느껴진다. 상계탕에는 상황버섯, 겨우살이 같은 약초가 17종이나 들어간다. 상계탕 속에 든 밥도 색깔이나 맛이 좀 달라 보인다. 현미, 율무 등 오곡밥이 들었다.

이런 상계탕 한 그릇이면 이미 행복하다. 하지만 이 집을 소개한 지인이 가마솥밥이 맛있다고 바람을 잡았다.

세상에나! 밥상의 주인인 밥이 철마에서 제자리를 찾았다. 밥알이 하나하나 살아나, 씹히는 느낌이 다르다. 반찬 없이 밥만 먹어도 고맙겠다. 유자향이 나는 샐러드를 비롯해 방아무침 같은 반찬도 괜찮다. 밥맛의 비결이 어디 있을까? 김영숙 대표는 "철마 쌀을 쓰고 이게 떨어지면 햅쌀로 한다"며 쌀의 차이만 강조한다.

정작 비결은 한곳에 빠지면 끝장을 보는 김 대표의 성격에 있지 않을까 싶다. 그는 '신비한 약초 세상'이라는 인터넷 카페에서 '왈순아지매'라는 닉네임으로 활동 중이다. 약초 공부만 해도 쉽지 않은데, 지금은 물 공부에도 빠져 있다. 뒷산에 약초를 많이 심어, 장뇌삼이 벌써 8년근이 되었단다. 초복에는 장뇌삼 한 뿌리씩 넣어준다니 그때 다시 와야겠다.

오가네

환절기가 되니 몸이 가라앉아 뜨거운 고기 육수가 생각났다. 지인이 철마면 '오가네'로 가보라고 추천했다. 하루에 국내산 한우 소머리 두 개만 가마솥에 삶아서 팔고, 재료가 소진되면 가게 문을 닫는다. 대개 오후 2시면 장사가 끝나는 한정판이라고 했다.

소머리 곰탕 6000원, 수육 백반 1만원, 꼬리 곰탕 2만원, 소머리 수육 2만원
영업시간 10:30~재료소진 때
부산시 기장군 철마로 479
051-721-1099

가게에는 '세상에서 두 번째로 맛있는 집'이라는 현수막이 걸렸다. 오용국 대표에게 그렇게 적어둔 이유를 물었다. 자식에게 먹이려고 음식을 만드는 어머니의 마음으로 만든 음식만큼 맛있는 것은 없다. 그런 마음으로 음식을 만들지만, 각자의 집에 있는 어머니보다는 못하니 두 번째라고 적었다며 웃는다.

주문한 꼬리 곰탕과 소머리 수육이 나왔다. 곰탕 국물은 뽀얗다 못해서 흰색이다. 국물이 진해 속에 무엇이 들어있는지 보이지 않는다. 숟가락으로 꼬리 고기를 건져내어 보니 양이 많다. 꼬리 살을 발라 양념간장에 찍자 부드럽고 잡내가 나지 않는다.

어느 정도 고기를 먹고 나서 국물에 파, 후추, 소금을 넣은 다음 밥을 말았다. 고소하고 진한 국물에 밥을 말아 든든히 속을 채웠다. 온기가 한참 동안 계속되었다.

소머리 수육도 푸짐하다. 우설, 뿔살 등 다양한 부위가 포함되었다. 고기 부위는 쫄깃한 식감이 일품이고 우설은 부드럽게 살살 녹는다. 반찬 중에 깍두기와 방아로 담근 장아찌는 별미다. 한정판을 먹으러 온 보람이 있다.

장군 멸치 회촌

살아서 펄떡이는 멸치로 만든 요리를 만나러 대변항 '장군 멸치 회촌'으로 갔다. 봄이 되면 이 집 생각이 난다며 찾아오는 손님이 많다. 가게 입구에는 1977년부터라고 적혀 있다. 시어머니의 가게를 20여 년 전 며느리 전정분 대표가 이어받았다.

멸치 회무침 작은 거 2만원, 멸치 찌개 작은 거 2만원, 멸치구이 2만원
영업시간 09:30~22:00
(봄철 외 2, 4주 목요일 휴무)
부산 기장군 기장읍 기장해안로 607. 051-721-2148

태어나서 멸치회를 처음 먹는다며 걱정하던 친구는 "가을 전어의 고소함은 비할 것도 아니다. 왜 이때까지 이 맛을 몰랐나 싶다"고 감탄한다. 전 대표도 "산란기를 앞두고 부드러운 육질에 고소한 맛을 가진 봄 멸치를 꼭 먹어봐야 한다"며 웃는다.

봄 멸치는 기름져서 고소하다. 뼈를 발라낸 멸치는 씹고 말고 할 것도 없다. 새콤달콤한 초고추장과 아삭한 채소 사이에서 사르르 사라진다.

그다음 메뉴는 멸치구이다. 어른 가운뎃손가락보다 큰 대멸(7.7cm 이상)을 구워 나온 것을 보면 제대로 생선구이의 모습을 갖추고 있다. 머리부터 통째로 먹으면 고소하면서도 쌉쌀한 맛이 일품이다. 멸치도 생선이 맞았다.

마지막으로 멸치찌개가 나왔다. 다시마, 마른 멸치, 양파, 파뿌리 등을 넣어서 진하게 육수를 낸다. 거기에 주인공인 멸치와 시래기, 채소만 넣고 끓여 낸다. 전 대표는 "육수에 멸치만 넣으면 조미료를 넣지 않아도 간이 딱 맞아 누가 끓여도 맛있을 거다"라고 겸손하게 이야기한다.

같이 나온 반찬에서도 기장 바다 내음이 난다. 멸치 외의 재료는 대부분 전 대표의 친정어머니가 농사지은 것들이다.

진품물회

기장읍 연화리에 자리 잡은 '진품물회' 앞에는 탁 트인 바다가 펼쳐져 있다. 해안도로를 따라와야 하니 여행하는 기분이 든다.

물메기탕 1만5000원, 물메기탕+물메기회 5만원(2인 기준), 전복죽 1만5000원
영업시간 9:30~21:00
부산 기장군 기장읍 연화1길 65(연화리) 051-723-2597

가게 앞 수조에는 겨울이 제철인 물메기가 가득 들어 있다. 다들 몸을 동그랗게 말고 바닥에 가라앉아 있는데 유독 한 마리가 헤엄을 치며 사진을 찍으라는 듯 자세를 취해준다. 예전에 물메기는 환영 받는 생선이 아니었다. 잡으면 바로 바다로 던져지기도 해서 '물텀벙'이라고 불렀다.

물메기탕과 물메기회 세트를 주문했다. 먼저 차려진 반찬 중에 어린 갈치가 들어간 섞박지가 눈에 띈다. 아삭하고 부드러우면서 달콤하고 시원한 맛이 난다. 기장의 겨울 맛이다.

한영애 대표는 직접 농사도 짓는다. 섞박지가 아주 맛있다고 이야기하니 "해풍을 맞고 자란 무라 맛이 더 달 것"이라고 자신 있게 말한다. 쌀은 친정인 간절곶에서 농사지은 것을 가져온다. 기장에서 나는 좋은 재료로 만들어진 반찬에 자꾸만 손이 간다.

드디어 주인공 물메기탕이 나왔다. 뜨끈한 국물의 첫맛은 달고 뒷맛은 시원하다. 속으로 들어가니 바다 향도 살짝 올라온다. 깊은 국물 맛에 감탄하며 먹기에 바쁘다. 물메기회는 살이 부드러워 입안에서 사르르 녹아내린다.

한 대표에게 탕이 맛있다고 말하자 "대학에서 식품영양학을 전공하기도 했고 손맛이 좋다는 이야기를 꽤 들었다"며 은근슬쩍 본인 자랑을 한다.

못난이식당

기장시장은 대게 시장으로 불릴 만큼 대게집이 많다. '못난이식당'은 그 기장시장에서 갈치요리 전문점으로 이름을 알리고 있다. 부산에서 음식 좀 먹는다는 사람은 다 아는 유명한 곳이다.

송송자 대표가 가게를 운영한 지 30년 가까이 됐다. 가격도 처음 7000원으로 시작해 지금은 3만 원으로 올랐다. 다른 메뉴도 있었지만 손님마다 자꾸 갈치만 찾아 갈치만 남았다. 처음 방문했다면 시장 중간쯤까지 들어가 사람이 많이 모인 집을 찾으면 찾기가 더 쉬울지도 모르겠다.

한 단골은 "가격이 오른 점은 조금 아쉽지만 맛은 변함이 없어서 좋다"고 말한다. 송 대표는 "가격이 비싸서 미안하다. 하지만 제일 좋은 갈치만 고집하다 보니 이렇게 되었다"고 말한다. '못난이'는 송 대표 별명 중 하나였단다.

갈치구이와 찌개를 시켰다. 먼저 나온 것은 갈치구이다. 동행은 맛을 보더니 "갈치가 입안에서 녹는다. 설탕을 뿌린 것인가? 분명 소금 간일 텐데 단맛이 난다"며 극찬을 했다. 이러면 데려간 입장에서 어깨에 힘이 들어간다.

반찬은 다시마, 미역, 쌈 종류를 포함해 10여 가지가 나온다. 갓 구운 갈치를 기장 미역에 올려 멸치젓이나 전어젓과 함께 쌈을 싸 먹어보자. 저절로 엄지손가락이 올라갈 것이다. 갈치찌개는 너무 맵지도, 짜지도 않고 간이 딱 좋다. 간이 밴 호박과 갈치를 국물과 함께 떠 먹으면 밥 두 그릇도 문제없다.

생갈치구이(1인분) 3만8000원,
생갈치찌개(1인분) 3만8000원,
갈치회무침 3만3500원
(*갈치 시가에 따라 가격변동)
영업시간 11:00~19:00
(브레이크 타임 15:00~16:00)
부산 기장군 기장읍 차성동로3번길 7(동부리) 기장상회 051-722-2527

인공지능과 셰프 대결

알파고와 이세돌의 바둑 대결을 지켜보다 문득 알파고와 인간계 대표 셰프가 요리 대결을 하면 어떨까 하는 생각이 떠올랐다. 인공지능이 요리도 하느냐고? 벌써 오래된 일이다. 지난 1999년 개봉한 영화 <바이센테니얼 맨>에서는 요리하고, 청소하고, 아이까지 돌보는 '로봇 집사' 앤드루가 나온다. 앤드루로 출연한 로봇 윌리암스, 아니 로빈 윌리암스는 이미 고인이 되었다.

10년 전만 해도 과학자들은 인공지능이 창의성이나 감정이 필요한 요리 같은 영역에는 진출하기 힘들 것으로 여겼다. 요리는 재료의 조합으로 맛을 내면 된다. IBM의 인공지능인 '셰프 왓슨'은 수많은 레시피를 검색해 사람들이 좋아할 만한 새 레시피를 만들어내고 있다. 왓슨의 레시피대로 조리해 내놓는 곳도 있다. 중국 하얼빈에는 로봇이 국수를 삶는 식당이 있다. 일본의 초밥 체인점 '구라스시'에서는 200여 가지 종류에 달하는 초밥 한 접시에 100엔 정도로 저렴하게 판다. 비결은 '스시로봇'에 있다. 스시로봇은 1시간에 초밥을 360개나 만든다. 숙련된 초밥 요리사가 만드는 속도의 5배나 된다. 스시로봇은 빠르고, 위생적이고, 지치지도 않고, 게다가 '곤조'도 없다.

우리나라에도 인공지능 셰프가 존재했을지도 모른다는 가능성을 한 민담에서 발견했다. 바로 '우렁각시' 이야기다. 가난한 노총각이 우렁이를 집에 가져와 물독에 넣어두었더니 매일 밥상이 차려져 나왔다. 우렁이 속에서 예쁜 처녀가 나와서 밥을 지어놓고는 도로 들어간 것이다. 총각이 어디 밥만 먹고 사나? 지켜보다 같이 살자고 처녀의 손목을 붙잡는데, 처녀는 아직 때가 아니니

기다려 달라고 말한다. 우렁각시는 인공지능 셰프, 이름은 '밥하고(Baphago)'쯤이 아니었을까.

요즘 최고 인기로 떠오르는 직업이 셰프다. 하지만 20년 이내에 레스토랑 셰프가 없어질 확률이 96%나 된단다. 셰프를 꿈꾸는 젊은이라면 지금이라도 생각을 바꾸어야 할까. 꼭 그렇지는 않을 것이다.

알파고를 상대로 비록 패배했지만 고군분투한 이세돌에게서 우리는 '인간적인 매력'이라는 가치를 느꼈다. 인공지능이 해주는 밥을 먹고 나면 뭔가 좀 허하지 않을까. 우리 엄마가 해주는 밥이 훨씬 맛있을 것이다. 욕쟁이 할매 식당에는 구수한 매력이 있다. 하지만 인공지능이 이 세상의 모든 욕을 모아 '베스트 오브 베스트' 욕을 퍼부으면 밥이 목구멍으로 넘어갈까. 요즘 세간에는 인공지능에 대한 전망이 차고 넘친다. 로봇 집사 앤드루가 정말 되고 싶었던 것은 인간이었다는 사실은 잊지 말자.

돼지국밥

돼지국밥

부산사람에게 돼지국밥은 소울푸드이자 고향의 맛이다. 부산시에 따르면 구·군에 신고된 부산 시내 돼지국밥집은 무려 622곳. 부산말로 '천지빼까리'라고 하겠다. 동네 주민이 자랑하는 돼지국밥집을 찾아 나섰다가 돼지국밥이 진화하고 있다는 사실을 발견했다. 옻, 유황, 토판염, 방아, 인삼, 갈비 등 이색 재료를 사용한 돼지국밥집이 눈에 띄었다. 카페 같은 분위기에, 테이크아웃까지 가능한 곳이 생겼다. 앞으로 돼지국밥의 진화를 흥미롭게 지켜보아야겠다.

덕천고가

장국, 진땡(일반 돼지국밥), 잔치국밥 6000원
영업시간 24시간
부산 북구 백양대로 1182(구포동)
051-337-3939

'덕천고가'는 여느 돼지국밥집과 맛뿐만 아니라 기원도 달리한다. 돼지국밥은 한국전쟁 직후에 부산에 온 피란민들로부터 시작되었다는 것이 정설로 알려졌다. 하지만 의문점은 남는다. 그전부터 우리 민족은 오랫동안 국밥을 먹어왔기에….

'덕천고가'는 19세기 말 낙동강 하구 물류의 집산지인 구포의 만석꾼 객주상인 덕천 김기한의 집에서 끓이던 장국밥을 재현했다. 이 장국밥은 '낙동강 칠백 리 영남 제일'이라는 평가를 받았다. 일반 돼지국밥 격인 '진땡'에서 너무나 사골 곰국의 맛이 나서 깜짝 놀랐다. 그 곰국 같은 돼지국밥에 된장을 풀고 우거지와 정구지를 넣은 '장국'에선 어린 시절 고향의 기억이 불쑥 튀어나왔다.

덕천고가 돼지국밥의 특징은 암퇘지 사골만을 푹 고는 데 있다. 수컷에는 자기 영역을 표시하는 화학물질이 있어 냄새가 나지만 암컷에서는 별 냄새가 안 난다고 한다. 18년 전부터 위생을 강조해 그릇을 5번이나 헹구도록 주방 설거지 시스템을 갖춘 점도 존경스럽다. 돈을 받지 않는 스몰 사이즈의 추가 밥그릇도 예쁘다. 권경업 대표는 좋은 일 하느라 늘 바빠 보인다. 미안하지만 좀 더 바쁘시기를.

자매돼지국밥

맛과 사장님의 외모, 그리고 '포스'가 찰떡궁합이 되어 가장 돼지국밥집답다. 수육을 하나 시켰더니 먹어보라고 볼살 서비스를 내줄 때부터 마음에 들었다. 정구지를 수북하게 담아 주는 모습도 보기 좋다. 국밥집의 인정이 물씬 느껴진다. 풍성한 빨간 양념 위에는 후추와 깨가 듬뿍 뿌려져 있다. 국밥에 '첫 간'이 되어 있다더니 정말 간이 예술이다. 성급하게 새우젓부터 넣을 필요가 없다.

국밥 속 달지 않은 된장 맛이 구수하다. 우리 이모처럼 구수하게 생긴 박영숙 대표가 젊은 손님에게 말을 건넨다. "어른 먼저 드리자~." 음식은 먼저 온 순서와 상관없이 어른에게 먼저 배려한다. 젊은 손님의 불만은 없을까? "사실 내가 욕도 많이 사용해요." 전남 고흥 출신 박 대표의 욕은 좋게 말해 '아그'들과의 소통 수단이다. 박 대표는 젊은 '아그'가 많이 왔으면 좋겠단다. 배부르게 먹이고, 어른을 알아보는 인성을 키웠으면 하는 바람에서다. 처음에 인수했을 때는 술집 같아 너무 싫었단다. 제발 '밥집'이 되게 해달라고 기도했는데 어느 순간부터 기도가 이루어졌다. 머리 고기 전문으로 23년째다.

돼지국밥 6000원, 내장따로 8000원, 모둠따로 8000원
영업시간 09:00~21:00
부산 수영구 민락본동로27번길 56(민락동) 051-758-2737

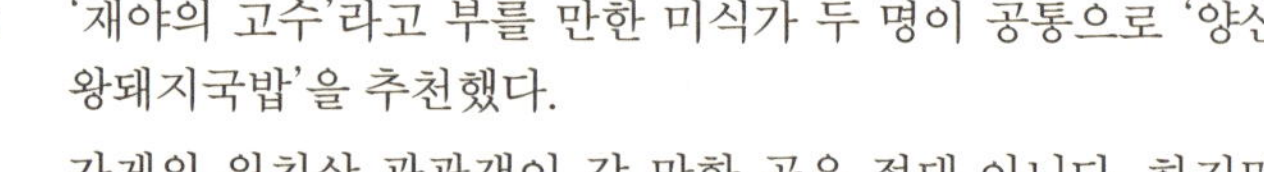

양산왕돼지국밥

돼지국밥 6000원, 수육백반 8000
원, 수육 맛보기 7000원
24시간 영업
부산 해운대구 재반로 70(재송동)
051-781-2722

'재야의 고수'라고 부를 만한 미식가 두 명이 공통으로 '양산
왕돼지국밥'을 추천했다.

가게의 위치상 관광객이 갈 만한 곳은 절대 아니다. 하지만
시도 때도 없이 손님으로 붐빈다. 이렇게 동네 주민이 즐겨
가는 곳이 진짜 맛집이다. 2005년 APEC 공식 식당이자, 롯
데몰 동부산점에도 향토음식점으로 입점
했다.

여기 돼지국밥은 국물이 좋다. 맑지만 진하
고 끈적끈적한 느낌이다. '고기나 밥은 남
기더라도 국물은 남기지 말라'고 써 붙였
다. 역시나 국물에 자신이 있는 모양이다.
포장해 가면 국물을 배나 주는 대신에 밥,
김치, 깍두기는 제외한다.

수육도 은근히 좋다. 수육과 함께 나오는
가오리식해가 아주 매력 있다. 직접 만든
순대가 나와 술 한잔 하기에도 괜찮다. 2층
은 국밥·족발 개발실이다. 거기다 500인
(1인 400cc)용 솥을 걸어두고 국물을 연구
한단다.

이춘호 대표의 어머니가 양산에서 돼지국
밥집을 오래 했다. 그 전통을 잇는 의미로
'양산국밥', 타 업소와 구별하기 위해 '왕'
을 넣었단다.

수복가마솥돼지국밥

돼지국밥 6500원, 옻돼지국밥
7500원, 옻수육백반 1만원
영업시간 10:00~22:00
부산 강서구 신호신단1로 205(신호
동) 051-968-0909

옻돼지국밥을 내놓는 집이 있다고 했다. '옻돼지', 생전 듣지
도 보지도 못한 그 낯선 조화가 궁금해 '수복가마솥돼지국밥'
을 찾아가지 않을 수 없었다. 메뉴엔 일반 돼지국밥도 있어서
하나씩 시켜봤다.

옻돼지국밥은 빛깔부터 일반 돼지국밥과는 완전히 달랐다.
국물을 한 숟가락 맛보았다. "이건 옻닭 국물인데…!" 감탄이
절로 나왔다. 옻은 돼지국밥의 고급화를 위한 좋은 대안으로
보였다. 옻의 단면은 녹각이나 헛개나무 같다. 충북 제천에서

굵은 옻나무(잔잔한 옻은 쓴맛이 난다)를 잘라서 가져온다.

옻이 안 든 일반 돼지국밥도 국물이 진해서 입안에 붙는 느낌이 났다. 동행한 지인은 어릴 때 집에서 먹던 맛과 가장 비슷하다는 말도 덧붙여주었다.

국밥을 즉석에서 끓이는 점도 큰 차이점이다. 돼지국밥집들은 미리 끓여 토렴하는 방식이 많다.

박동남 대표는 "미리 끓여놓으면 맛이 떨어지고, 원래 노란색인 옻도 까맣게 변한다"며 고개를 젓는다. 돼지국밥을 먹고 혹시라도 옻을 타지 않도록 여러모로 신경을 쓴다.

아직은 덜 알려진 탓인지 일반 돼지국밥이 많이 나간다. 옻을 먹어서 그런지 이날 밤 몸이 후끈해졌다.

또랑돼지국밥

돼지국밥 5500원, 따로국밥 6000원, 수백 8000원
영업시간 06:00~23:30
부산 동래구 충렬대로359번길 12(안락동) 051-522-3119

가게 옆에 도랑이 흘러 '또랑돼지국밥'이라 이름 지었다는 말을 듣고 빙그레 웃음이 나왔다. 홍수 때 돼지가 떠내려와서 장대로 건졌다는 이야기가 생각나서였다.

'또랑국밥'의 기본에 충실한 맛은 소문이 났다. 그런데 가격은 착하다. 시중 돼지국밥 가격은 약속이라도 한 듯이 거의

6000원인데, 여긴 5500원이다. 최명옥 대표가 돼지국밥 주문을 받더니 "내장도 먹을 줄 아느냐"고 묻는다. 취향을 물어보고 손님 요구하는 대로 만들어 준다. 비계를 좋아하면 비계를 더 달라고 말하라! 국밥은 아주 뜨겁지 않아 후루룩 마시기에 좋다. 새우젓 가미를 안 하면 약간 싱겁게 느껴질 정도. 돼지국밥 위 양념장에 뭔가가 있다. 파가 씹히며 양념이 터지더니 새콤해진다. 단골들은 양념장이 이곳을 계속 찾게 되는 비결이라고 꼽는다. 간장과 고춧가루를 넣고 대파를 이틀간 숙성시켰다. 운전기사나 막일하는 손님도 오기에 새벽 시간에 일찍 문을 연다. 여기서만 26년째다. 최 대표는 "서민 음식이라서 가격을 올리지 못하겠다. 돼지 값이 너무 올라서 미안하지만 재작년에 500원 올렸다"고 말한다.

송정3대국밥

돼지국밥 6000원, 수육백반 8000원, 순대 8000원
영업시간 24시간
부산 부산진구 서면로68번길 29(부전동) 051-806-5722

최영철 시인은 "돼지국밥에는 쉰내 나는 야성이 있다. 야성을 연마하려고 돼지국밥을 먹으러 간다"고 돼지국밥을 노래했다. 최 시인의 시 「야성은 빛나다」는 노래로 치면 부산 돼지국밥의 테마송이나 다름없다.

최 시인은 이 시의 배경이 되는 돼지국밥집이 1946년부터 시작해 70년이 다 되어가는 '송정3대국밥'이라고 밝혔다. 그러니 송정3대국밥은 돼지국밥계의 산증인이라고 하겠다.

서면 돼지국밥 골목에 있는 가게 앞 큰 솥에선 뽀얀 국물이 24시간 끓고 있다. 그래서 가게 안에는 늘 고소한 냄새가 난다. 자리에 앉으니 오래된 테이블에 먼저 눈이 갔다. 워낙 오래되어 돼지국밥 뚝배기를 놓았던 자리가 동그란 모양으로 닳아 있다. 손님들이 선호하는 자리는 동그라미가 더 크고 진

하다. 3대째인 김기훈 대표는 "이것도 역사의 일부이니 앞으로도 계속 사용할 생각이다"고 말했다.

돼지국밥의 국물이 순하면서 고소하다. 아이들이 먹어도 괜찮겠다 싶다. 수육은 돼지 비계가 적당히 붙어 있는 부위를 사용해서 부드럽다. 기름기가 있는 부분을 먹고 싶지 않다고 미리 말하면 살코기 부분만 넣어 준다.

진주비봉식당

돼지국밥 4000원, 따로 국밥 4500원, 수육백반 7000원
영업시간 08:00~23:00
부산 금정구 부산대학로49번길 13(장전동) 051-518-1146

부산대학교를 졸업한 학생이라면 '진주비봉식당'의 추억 하나쯤은 있다. 새내기 시절 선배가 소주를 사 준다며 데려갔던 곳. 밤새 술을 먹고 아침 일찍 해장하자며 갔던 추억의 장소다(다들 잘살고 있겠지). 예전에는 아주 허름했다. 오랜만에 찾아가니 깨끗해서 되레 아쉽다. 여전히 부산대 정문에서 사거리를 내려와 첫 번째 골목 안에 자리 잡고 있다. 간판도 없이 시작해 40년이 넘게 그 자리다.

점심을 먹으려고 찾아갔다. 가게 안에는 데이트 중인 남녀 한 쌍이 앉아 있었다. 들으려고 한 건 아닌데 이런 이야기가 들렸다. "내가 학교는 졸업 못 했지만 이 집 진짜 맛있다." 여자의 이야기이다. 소주도 냉장고에서 알아서 꺼내 온다. 학교 다니던 시절 자주 왔나 보다. 국밥에 추억을 말아 소주 한잔 한다. 사랑하는 사람과 함께니 무얼 먹어도 맛있는 그들이다. 혼자 온 손님은 약간 쓸쓸해진다. 하지만 혼자 와서 먹어도 어색하지 않은 집이다. 혼자서 돼지국밥을 주문하면 동그란 쟁반에 반찬과 국밥을 한꺼번에 차려 내온다. 치우기 쉽게…. 가격 대비 양이 푸짐하다.

합천국밥집

따로국밥 7000원, 수육백반 8000
원, 모둠 수육 2만원
영업시간 09:00~21:30
부산 남구 용주로6번길 30(용호동)
051-628-4898

외지에서 놀러 온 지인이 돼지국밥을 먹고 싶다고 하면 데려
가는 곳이 있다. 남구 용호동의 '합천국밥집'이다. 살짝 과장
하자면 샘물처럼(?) 맑은 국물이다. 그래서 돼지국밥을 처음
접하는 사람도 쉽게 먹을 수 있다. 합천이 고향이라 '합천국
밥집'이고, 올해로 17년째다. 가게 앞 큰 창문으로 육수를 끓
이고 수육을 삶는 모습을 볼 수 있다. 복층 형식으로 1층은 테
이블, 2층은 다락으로 꾸몄다. 2층에 앉았더니 쟁반에 음식을
차려서 난간에 걸쳐놓는다. 손님이 알아서 상을 차리는 시스
템이다.

기본은 따로국밥. 국물과 밥이 따로 나온다. 공깃밥은 미리 떠
놓지 않는다. 주문이 들어오면 한 그릇씩 담아 주니 더 맛있

게 느껴진다. 기본 반찬으
로 나오는 무김치가 살짝
달지만 국밥과 잘 어울린
다. 고기는 좋은 부위를 적
당한 두께로 썰어내어 식
감이 좋다. 인터뷰 요청을
하자 손사래를 친다. "먹고
싶어서 찾아오는 우리 손
님에게만 잘하고 싶다. 가
게가 작아서 손님이 더 와
도 힘들다"며 묵묵히 고기
를 썬다.

민아식당

따로국밥 5000원, 수육백반 6500
원, 수육 1만원
영업시간 11:00~21:00
(토, 일요일 휴무)
부산 중구 충장대로9번길 21-1(중앙
동) 051-462-1774

돼지국밥 특유의 냄새가 두렵다. 돼지국밥은 쌀국수처럼 향긋
하면 안 되니? 이런 당신을 위한 맞춤형 돼지국밥집 '민아식
당'이 있다. 기본은 따로국밥. 국밥 안에는 낯선 녹색의 잎이
뒤덮고 있다. 바로 부산사람들이 즐겨 먹는 방아다. 국물에는
방아 향이 그윽하다. 방아 앞에 돼지가 꼬리를 감춘 것이다. 겨
울에는 쑥갓이 대신 들어간다.

국밥에 든 고기를 먼저 간장양념에 찍고, 새콤달콤한 파무침
과 함께 먹었다. 물에 빠진 고기는 싫다던 사람도 파무침 덕

분에 맛있게 먹을 수 있다. "고기!"나 "기름!"을 외치면 단골이다. 살코기로 할 것인지, 비계가 붙은 부분을 먹을 것인지 선택이다. 직장인이 많은 중앙동에서는 점심시간에 자리 경쟁이 치열하다. 황경렬 대표가 30여 년째 운영하는 '민아식당'은 말할 것도 없다. '민아'는 자녀들의 이름 끝 자를 한 자씩 따서 지었단다.

오래된 식당이지만 가게 안이 깔끔하다. 황 대표는 "먹는 장사는 청결이 기본 아니냐"며 되묻는다. 맛은 기본이고 가격까지 최고로 착하다.

수영공원돼지국밥

돼지국밥 7000원, 수육백반 9000원, 수육 2만5000원
영업시간 07:30~23:00
(4째주 일요일 휴무)
부산 부산진구 가야공원로 59(가야동) 051-893-8297

동의대 가야캠퍼스 앞에 돼지국밥집이 이렇게 많은 줄 몰랐다. 이유는 정확히 알 수 없지만 돈 없는 학생들이 배불리 먹을 수 있어서 그렇지 않을까 짐작했다. 동의대로 올라가는 언덕길에 자리 잡은 터줏대감인 '수영공원돼지국밥'을 찾아갔다. 이 집을 추천한 지인은 돼지국밥도 좋지만 수육을 꼭 먹어봐야 한다고 신신당부했다.

수육을 시켰더니 먼저 사람 수대로 국물이 나와 좋았다. 돼지국밥에 사용되는 그 육수이다. 덤으로 보쌈김치까지 나온다.

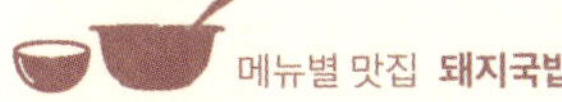

돼지국밥 국물은 진하고 간도 적당하다. 항정살 수육은 동그란 접시에 활짝 핀 꽃처럼 담겨서 나왔다. 일행들은 '꽃 수육'으로 부르자고 했다. '꽃 수육'의 맛은 카메라가 먼저 보았다. 보기 좋은 떡이 먹기도 좋다. '꽃 수육'은 부드럽고 고소하다. 보쌈김치와 함께 먹으니 꿀맛이다. 기본 찬으로 나온 배추김치를 비롯해 모든 김치가 다 맛있다.

돼지국밥은 양념장과 밥이 함께 담겨 나온다. 국수를 좋아하면 곁들여 먹으면 된다. 국밥 안에 들어 있는 고기는 항정살이다. 크게 한 숟가락을 떠서 먹었다. 고기가 입안에서 사르르 녹는다.

할매국밥

국밥 5000원, 따로국밥 6000원,
수육 1만원
영업시간 09:00~21:00
부산 동구 중앙대로533번길 4(범일동) 051-646-6295

부산에서 돼지국밥 좀 먹는다는 사람들은 여기를 많이 추천한다. 1956년부터 영업을 시작한 '할매국밥'이다. 식당 이름에 '할매'는 단골 메뉴다. 그래서 이 집은 '범일동 할매국밥', '교통부 할매국밥'이라는 이름으로 더 알려졌다.

가게 문을 열고 들어서자 큰솥 가득히 돼지고기가 익어가고 있다. 커다란 포크(갈고리)로 큰 고깃덩어리 하나를 꺼낸다. 도마 위에 올려진 고기를 오랫동안 사용해서 칼날이 거의 없어 보이는 칼로 큼직하게 잘라낸다. 예쁘게 보이려는 노력은 안 보인다. 가격에 비하면 훨씬 푸짐하게 담아 준다.

돼지국밥은 대파와 고춧가루만 뿌려져 나온다. 새콤달콤한 맛의 양념장은 그릇에 따로 담겨 있다. 돼지국밥 국물을 그냥 먹어도 맛이 있다. 양념장을 풀면 칼칼하면서 개운한 맛이 난다. 수육은 약간 두꺼운 두께 때문에 씹는 맛이 있다. 비계와 살코기의 비율이 조화롭다. 새우젓이나 된장에 수육을 찍어 먹기도 괜찮다. 국밥에 넣으라고 나온 비법 양념장에 수육을 찍으면 더 맛이 있다. 푸짐하고 맛도 좋은 돼지국밥집이다.

유황 돼지국밥

유황 돼지따로국밥 5000원, 유황
돼지수육백반 8000원, 유황 돼지
찜 8000원
영업시간 09:00~21:00
(일요일 휴무)
부산 동구 중앙대로 176(초량동)
051-464-5551

오리만 유황을 먹는 줄 알았다. 부산역 근처를 지나다 '유황 돼지국밥'이라는 간판을 보고 호기심이 일어서 찾아보았다. 유황 돼지에 유황 한우까지 있다. 하지만 이곳 말고는 전국 어디에도 유황 돼지국밥은 없다.

'유황 돼지국밥'은 유황 돼지찜에 유황 생돼지고기구이까지 취급하는 유황 음식 전문이다. 유황을 먹여 키운 100% 국내산 돼지를 사용한다. 돼지국밥집들은 냄새를 없애기 위해 여러 가지를 집어넣고 노력한다.

김성자 대표는 "유황 돼지는 맹물에 삶아도 냄새가 안 난다. 육질 자체가 좋고. 유황은 몸에 여러 가지 좋은 점이 많아서 명품화를 시키고 있다"고 말했다. 3개월 된 돼지에 유황을 3개월 먹여 6개월째에 잡는단다. 유황 돼지는 경북 영천에서 가지고 온다.

가게가 2층에 있는 데다 사람들이 유황 돼지국밥에 대해 잘 몰라서 저렴한 가격에 판매하고 있다. 김 대표는 "냄새 때문에 돼지국밥 안 먹는 사람들이 다 잘 먹고 간다"며 "꼭 한번 유황 돼지국밥을 먹어보라"고 권한다.

청춘국밥

돼지·순대·섞어·얼큰섞어국밥
7000원
영업시간 24시간
부산 동구 중앙대로 191(초량동)
051-465-1143

"서울에서 얼마나 돼지국밥이 먹고 싶었는지 몰라." 평생을 부산에서 살다 서울로 직장을 옮긴 친구의 첫 마디였다. 기차에서 내린 친구와 같이 간 곳이 부산역 앞의 '청춘국밥'이었다. 한때 겁 없는 청춘이었던 우리도 돼지국밥과 소주 한 병을 시켰다.

그런데 이 집 돼지국밥이 좀 다르다. 맑은 국물이 꼭 쌀뜨물 느낌이다. 간도 전혀 안 되어 있다. 게다가 양념장까지 없다니. 여기서는 토판염과 새우젓을 반반 넣어 먹는다. 빨간 양념장이 들어가는 순간 국물 자체의 맛은 날아간다고 그 이유를 말한다. 이곳을 소개한 분은 "정석대로 육수를 빼고 고기를 삶는 집이다"며 추천했다. 토판염은 갯벌 흙을 단단히 다져 그 위에서 전통방식으로 얻는 천일염이다. 양념장이 꼭 필요하면 얼큰국밥을 주문하면 된다. 이름처럼 얼큰하다. 국밥집 사장님의 어머니가 "좋은 밥을 지어서 사람들에게 먹이면 당장 이문을 남길 수는 없어도 그 복이 너에게 돌아온다"고 말씀해주셨단다. '먹고 젊어져라'는 뜻의 청춘국밥이다. 우리는 코를 박고 열심히 국밥을 먹었다.

완도식당

전통시장에 가면 없던 생기도 생긴다. 영도 봉래시장에 괜찮은 돼지국밥집이 있다니 '뽕도 따고 임도 보고'다. 전남 완도 출신의 김정업 대표가 하는 '완도식당'이다. 김 대표가 부산에 온 지는 40년, 이 자리에서 장사한 지 20년. 영도에서는 이제 모르는 사람이 없단다.

돼지국밥을 시키려다 먼저 눈에 띄는 메뉴가 있었다. '새끼보', 암돼지의 자궁이다. 왠지 살짝 미안해서 소주 한 잔을 제물로 바쳤다. 돼지국밥의 국물에는 막장이 들었다. 소화가 잘되게 하고 느끼한 맛을 없애는 방법이란다. 부추가 넉넉하

고 들깨도 살짝 올렸다. 싸고, 푸짐하고, 맛있는 한 그릇의 국밥이다. 김 대표는 "이게 뭐 별거인가? 시장통의 국밥인데. 더 달라고 하면 더 주고…"라고 말한다. 하지만 이미 국밥에는 밥이 적다고 여길 정도로 고기가 잔뜩 들었다. 몸서리가 쳐질 정도로 푹 삭은 김치가 나왔다. 완도 땅에 묻어 숙성시켜서 가져왔다. 이 집 갓김치도 여러 사람이 탄복했다. 전라도식이라기보다는 김 대표가 스스로 터득한 돼지국밥이다. 선지도 아주 신선하고 맛있다.

돼지국밥 5000원, 수육백반 7000원, 새끼보 7000~1만5000원
영업시간 06:00~22:30(일요일 휴무)
부산 영도구 태종로 133 봉래시장 안(봉래동) 051-418-3186

재기돼지국밥

남항시장에서 이종단 대표가 40여 년 동안 운영하는 재기돼지국밥집을 찾았다. 국밥집 이름이 왜 '재기'일까. 이 대표는 예전에 몸이 아파서 장사를 잠시 쉰 적이 있었다. 다시 멋지게 재기해보려고 지은 이름이라고 했다. 솔직한 그의 대답에 웃고 말았다.

따로국밥과 순대 제일 작은 것을 시키고 자리에 앉았다. 젊은 아가씨부터 어르신까지 손님 연령대가 다양했다. 어린 시절 아버지를 따라 왔던 꼬마가 이제는 아가씨가 되어 친구들과 먹으러 온 모양이다.

국밥을 주문받을 때 어떤 부위를 원하는지 물었다. 순대를 따로 한 접시 주문했기에 국밥에는 살코기만 넣어 달라고 했다. 모두 맛보고 싶다면 "다 넣어주세요"라고 하면 된다. 순대도 부위를 고를 수 있다. 다른 집에서는 보기 힘든 돼지 애기집 부위도 있다. 부드럽고 잡내가 없어 맛있다.

재기돼지국밥은 맑은 육수를 사용한다. 잡내 없이 고소한 국물 맛이 일품이다. 이 대표는 "아침마다 육수를 만들고, 재탕은 안 한다"라고 말했다. 돼지고기 수육을 직접 삶아 원하는 부위를 담아 내니 맛도 있고 양도 푸짐하다. 순대는 피가 많이 들어 다른 곳보다 색이 진하다. 매일 아침 창자에 당면과

돼지국밥 6000원, 돼지 우동
5000원, 순대 5000원
영업시간 08:00~23:30(2, 4주 일
요일 휴무)
부산 영도구 절영로49번길 25(남항
동) 051-418-0526

찹쌀을 넣어서 만든다고 했다. 같이 나온 부추 무침과 새우젓
을 찍으니 어우러져 더 고소했다. 면을 좋아하는 사람이라면
돼지 우동도 좋겠다. 힘든 일이 있다면 여기서 국밥 한 그릇
먹고 힘내자!

'다대기'와 취향 존중

취향이 비슷한 대상에게 호감을 느끼기 쉽다. 그래서 같이 살게 되었는데 뒤늦게 취향이 많이 다르다는 사실을 발견하면 인생이 피곤해진다. 직업상 끄적거리다 보니 가끔은 글이 좋다는 이야기를 듣는다. 그럴 때는 진짜로 글을 잘 쓰는 줄 착각한다(정신건강에는 나쁘지 않다). "글이 좋다"는 말이 "당신은 나와 비슷한 생각과 취향을 가졌군요"라는 표현이기도 하다는 사실은 나중에 깨달았다.

'이상형'은 물론이고 좋아하는 연예인을 비롯해 '호감'에는 취향이 반영된다. 만약 모든 사람의 취향이 같다면 어떻게 될까. 똑같은 외모와 옷차림, 타인이 아내와 남편, 자식까지 닮았다고 생각하면 오싹해진다. 모든 이가 키 크고 잘생긴 사람만 좋아한다면? 나는 결혼도 못 하고, 주말에도 똑같은 브랜드의 맛없는 맥주나 마시며, TV에 나오는 연예인만 보고 있을지도 모른다.

그동안 잘못했던 사람들에게 사과하고 반성한다. 덜 예쁜 사람을 차별했다. 영화를 보다 유치한 대목에서 크게 웃는 이를 무시했다. 음식에 대해서는 더 심했다. 내 입맛과 다르게 말하면 "당신이 몰라서 그래. 얼마나 먹어봤다고…"라고 생각한 적이 있었다. 사람들의 입맛이 같아진다면 그런 비극도 없다. 이 세상 맛난 음식이 많이 사라지고 말 테니까.

돼지국밥집에서 혼자 국밥을 퍼먹으며 '음식만사(飮食萬事)'에 대해 고민할 무렵이었다. 옆 테이블 여성이 "난 돼지국밥을 좋아하지만 '다대기'는 별도로 나왔으면 좋겠어"라고 말하며 다대기를 건져내는 순간이었다. 국밥에서 나온 다대기가 잽싸게 '음식만사'로 뛰어들어 오는 게 아닌가. 다대기는 매콤하고 칼칼한 맛을 더하기 위해 넣는 양념이다. 처음부터 국밥에 다대기를 넣어 오면 취향 따위는 길바닥에 내동댕이쳐진다. 다대기는 별도의 그릇에 담아두고 좋아하는 사람만 넣어 먹으면 된다!

밀면도 마찬가지다. 밀면집에 가서 다대기를 얹지 말고 따로 달라고 부탁하는 지인이 있다. 그는 다대기가 섞이지 않은 냉육수를 먼저 음미하며 밀면을 평양냉면처럼 즐긴다. 어느 정도 먹고 나서야 다대기를 넣고 그때부터 밀면 맛을 즐기는 미식을 한다.

일본에서 라멘을 시킬 때는 면발의 부드러움이나 국물의 진한 정도를 선택할 수 있다. 돼지국밥과 밀면은 부산을 대표하는 음식이지만 전국적으로 대중화되지는 않았다. 따로국밥이 그렇듯이 다대기도 선택하게 해주면 더 많은 사랑을 받지 않을까.

신조어 가운데 이 시대의 트렌드가 잘 드러나는 '취존'이란 말이 있다. '취향 존중'을 줄인 단어다. 회식 때 상사가 짜장면 시킨다고 탕수육이나 짬뽕을 못 시키고 눈치 본다면 무슨 낙으로 살까. 돼지국밥과 밀면, 나아가서는 다른 사람의 생각에 취향 존중이라는 날개를 달아주자. 혹시 이 글이 마음에 들지 않더라도 "이 친구는 나와 취향이 다르군"이라고 생각해주면 감사하겠다.

밀면

밀면

더울 때면 시원한 밀면 한 그릇 맛있게 먹었으면 좋겠다는 생각이 든다. 부산에서 먹어야 그 맛을 제대로 즐길 수 있는 음식이 '밀면'이다. 밀면이 좋은 이유가 뭐냐고? 살얼음이 동동 뜬 새콤한 육수를 들이켜면 더위에 집 나간 입맛이 돌아온다. 유명 냉면집 냉면 가격에 비하면 값도 절반 이하 수준으로 아주 착하다.

대부분 밀면집은 영세해서 부부나 가족이 운영하니 밀면이야말로 서민들의 음식이다. 주민들이 추천하는 우리 동네 밀면 맛집을 소개한다. 오늘부터 엉뚱한 곳에서 줄 서지 말자.

부부한방밀면

물밀면 4000원, 비빔밀면 4500원,
만두 4000원, 온밀면 4000원,
칼국수 3500원
영업시간 10:00~21:30
부산 동래구 명안로4(안락동)
051-528-7818

'부부한방밀면'은 이름처럼 남편 박기홍 씨와 아내 유영순 씨가 14년째 다정하게 운영하고 있다.

대개 직접 가져다 먹어야 하는 온육수를 주전자에 담아 친절하게 자리로 갖다 준다. 온육수는 밀면집의 첫인상을 좌우한다. 고소한 맛이 일품인 육수 맛을 보니 이 집에 오길 잘했다는 생각이 든다.

물밀면에는 얇게 채 썬 오이와 지단, 돼지고기 고명이 올려져 있다. 면발은 찰지다. 돼지 사골, 채소, 여러 가지 한약재를 넣고 오랫동안 고았다는 육수의 깊은 맛에 미소가 지어진다. 조금 과장하자면, 밀가루 면만 아니면 냉면이라고 해도 될 정도

였다. 박 대표의 설명을 들으니 이 느낌이 틀리지 않을 수도 있
겠다는 생각이 들었다. 그는 이전에 냉면집을 오래 운영했다.
노하우를 담아 만들어 밀면에서 고급스러운 맛이 났던 거다.

비빔밀면에는 가오리회와 새콤달콤한 양념장이 들어 있다.
물, 비빔 모두 다 재료 간의 균형이 잘 잡혀 맛있다는 말 이외
에 다른 설명이 필요 없다. 10월부터 판매하는 온밀면의 맛이
궁금해 다시 한번 찾아와야겠다.

수정밀면

물밀면·비빔밀면·온밀면·손만두
4000원
영업시간 10:00~21:30
부산 동구 수정로 19(수정동)
051-465-5878

동구청 오거리의 수정밀면은 동구 맛집으로 동구청 구보에도 소개됐다. 밀면도 맛있지만 실은 만두 맛집으로 먼저 알려졌다. 아기 주먹만 한 손만두 6개가 4000원이다. 손만두는 피가 아주 얇고 속이 꽉 차 보인다. 만두 하나를 숟가락으로 덜어와 배를 갈랐다. 달착지근한 간장 소스를 넣고 한 입 꿀꺽! 결론은 만두와 밀면의 조합이 좋은 집이다.

온육수는 돼지 사골로 만들었다. 구수한 사골육수는 마음까지 위로한다. 이 육수를 사 가고 싶다는 사람도 있단다. 드디어 밀면이 나왔다. 육수가 좋기에 일단 양념을 걷어내고 육수 맛 자체만 음미하며 먹는다. 한약재 맛이 연하게 비치는 시원한 육수가 마음에 든다. 그다음엔 양념과 같이 진짜 밀면을 맛있게 먹는다.

밀면은 이렇게 두 가지 맛으로 먹을 수 있다. 특이하게도 일년에 몇 그릇 나가지 않는 온밀면을 여름에도 한다. "추천하지 않는다"는 이해란 대표의 만류에도 불구하고 시켜봤다. 밀면 특유의 졸깃함이 사라지고, 식감이 당면 비슷해졌다. 뻘건 김칫국에 말아 먹는 국수라고 보면 되겠다. 메뉴에서 빼지 않는 이유는 가족끼리 왔을 때 찬 음식 못 먹는 분을 배려하는 마음이었다.

동방밀면

밀면 4000원, 비빔면 4500원,
짜장면 3000원, 우동 3500원,
짬뽕 4000원, 정식 5000원
영업시간 09:40~20:00
(일요일 휴무)
부산 영도구 꿈나무길 239(영선동)
051-416-9592

이른 점심시간인데도 '동방밀면' 앞에는 줄이 길다. 입구에서 몇 명인지, 무엇을 시킬지 물어본 다음 계산을 먼저 한다. 그리고 정해주는 자리에 앉으면 된다. 소뼈를 고아 냈다는 온육수는 직접 가져다 먹는다.

밀면을 좋아하는 친구는 입이 귀에 걸렸다. 곱빼기를 주문하지 않았는데도 다른 곳보다 양이 많다.

살얼음이 뜬 물밀면을 먼저 맛보았다. 잘 삶아진 면은 탱글탱글하고 씹는 맛이 있다. 육수는 단맛이 돌면서 감칠맛이 난다. 부드러운 수프를 먹는 기분이 든다.

황암우 대표에게 비법을 물어보았다. 그는 "비법을 우째 갈쳐주노…. 한 가지만 이야기 하자면, 인삼도 들어갔다"며 자랑이다.

비빔면은 다른 집과 다르게 면에 양념이 아예 비벼져 나온다. 단맛이 강한 듯하지만 매콤한 맛이 깔끔하게 마무리를 한다. 집에 와서도 자꾸만 생각나는 맛이다.

가족이 함께 오는 경우가 많아 선택의 폭을 넓게 해주려 짜장면도 같이 판매한다. 바쁜 여름철이 아니면 밥이 나오는 정식 메뉴도 있다.

경북밀면

영도 '경북밀면'은 1968년부터 시작했다. 장수한 대표가 2대째 이어오고 있다. 주문하고 오래지 않아 밀면 두 그릇이 나왔다. 깜짝 놀랐다. 경북밀면은 양이 푸짐해도 너무 푸짐하다. 소개한 이의 이야기로는 지금도 양이 많지만 예전에는 더 많았단다. 약간 누르스름한 면발이 그릇 가득 담겨 있다. 면 위로는 절인 무채, 배, 오이, 편육, 양념장, 계란이 올려져 있다. 양념을 섞기 전에 육수 맛을 먼저 보았다. 계피 향이 진하게 난다.

밀면 4500원, 왕만두 1개 1000원
영업시간 09:00~20:30
부산 영도구 태종로105번길 13(봉
래동) 051-418-0908

쫀득한 면발에 감칠맛 나는 육수, 새콤달콤한 양념이 입맛을 돌게 한다. 혹시 밀면만으로 섭섭하다면 왕만두를 추가해 먹을 수도 있다. 1개씩도 주문이 가능해서 좋다. 비빔밀면은 물밀면의 양념장과 같은 것을 사용한다. 달짝지근하면서도 입 안이 개운해지는 맛이다.

비빔밀면 역시 절인 무채, 배, 오이, 편육, 양념장, 계란이 올려져 있다. 역시 양을 참 많이도 준다. 장 대표는 "정성 말고는 비법은 없다. 더울 때 오셔서 시원하게 한 그릇 먹고 가면 좋겠다"며 환하게 웃었다.

밀면마당

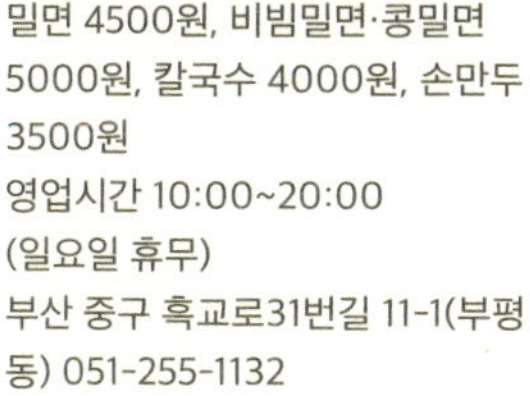

밀면 4500원, 비빔밀면·콩밀면
5000원, 칼국수 4000원, 손만두
3500원
영업시간 10:00~20:00
(일요일 휴무)
부산 중구 흑교로31번길 11-1(부평
동) 051-255-1132

'밀면마당' 입구에는 물밀면, 비빔밀면, 콩밀면을 소개하는 현수막이 걸렸다. 가게는 청소가 잘되어 반질반질 윤이 난다. 깔끔한 성격의 남편 장경원, 영양사였던 아내 김혜경 씨 부부가 운영한다. 부부는 음식을 만들 때 청결은 기본이고, 사용하는 물까지 중요하다며 강조한다. 음식에 들어가는 물은 정수기로 모두 정수해서 사용한다.

물밀면이 먼저 나왔다. 양념장을 풀지 않고 맛본 육수는 깔끔하면서도 감칠맛이 있다. 한우 사골 육수를 기본으로 채소와 한약재를 넣어서 만들었다. 비빔밀면 양념장에는 딸기와 파인애플을 갈아 넣었다. 인공적인 단맛이 없어 혹시 심심할 수도 있겠지만 깔끔해서 좋다.

다른 곳에서 보기 힘든 콩밀면은 콩국에 면을 넣어 만들었다. 새로운 조합인데 국수 중면보다 굵은 밀면의 면발이 더 잘 어울린다. 고소하고 시원한 콩국에 적셔진 면발의 탱글탱글한 식감도 좋다. 든든하게 속이 꽉 찬다. 함께 온 지인은 "물, 콩, 비빔 순으로 맛있었다"고 순위를 매긴다.

부경밀면

밀면·비빔밀면 5000원, 왕만두 4000원
영업시간 11:00~21:00
(일요일 휴무)
부산 남구 황령대로 492(대연동)
051-622-8003

부경대학교 후문 바로 앞에 '부경밀면'이 있다. 서면 춘하추동의 창업 멤버로 밀면 경력 27년의 남편 조준형 씨가 주방을, 친절한 아내 강숙정 씨가 서빙을 담당한다.

물밀면 육수는 색깔이 거무스름하다. 소뼈, 생강, 양파, 한약재를 넣어서 만들었다. 통후추를 직접 갈아 쓰고 재료는 소금부터 채소까지 국내 원산지에서 직접 가져온다.

학교 앞이라 학생들 입맛에 맞추어 육수의 한약 맛을 약하게 했다. 그것 말고는 춘하추동의 맛과 거의 똑같다. 맛있는 육수가 진한 향에 가려지는 것보다 코끝을 살짝 스치는 지금 정도가 더 좋은 것 같다.

비빔장은 양파를 갈아 넣고 숙성시켜 진득하다. 양파의 단맛이 감칠맛을 끌어올려 손이 바쁘고 입이 즐겁다. 왕만두까지 곁들이니 든든한 한 끼 식사가 된다.

부경밀면에는 겨울에도 칼국수 같은 계절 메뉴가 없다. 조 씨는 "평생 밀면만 만들어 다른 것은 할 줄 아는 게 없다"며 겸손해한다. 맛있는 밀면을 열심히 만들겠다며 웃는다. 영업을 마치는 오후 9시가 되자 가게 안에는 양파 향이 진동한다. 부부는 오랫동안 해왔던 방법 그대로 내일 장사를 준비한다.

언제나밀면

밀면 한 그릇에 3500원! 가격 착한 것이 부산 음식 밀면이다. 부산에서 가장 저렴한 밀면으로 여기가 꼽힌다. 박해전, 김순자 씨 부부가 토곡 사거리에서 '언젠나밀면'을 운영한 지 5년째. 서빙을 담당하는 박 대표는 "가격을 올리라고 하는 손님도 있다. 하지만 위치가 별로 안 좋은 우리 집을 찾아주는 분들에 대한 고마움의 표시이기도 하다. 인건비가 많이 나가지 않아서 괜찮다"고 말한다. 착한 밀면의 맛은 어떨까. 일단 별도의 온육수를 셀프로 가져다 맛을 보았다. 밍밍하다고 하기엔 제 맛을 갖추었고, 감칠맛이 있다고 하기엔 다소 부족함이 있다. 어쩌면 우리나라 음식계에서 밀면의 위치가 그런지도 모르겠다.

밀면 육수는 새콤하다. 여기 단골은 예전보다 더 새콤해진 것 같다고 했다. 면이 안 든 냉육수를 별도로 달라고 해서 맛을 봤다. 새콤한 육수는 여름이라 더 어울리는 것 같다. 더위에 지친 몸이 시원하고 새콤한 육수에 반응한다. 이 육수에는 뭐가 들어갔을까. "다른 집과 같습니다. 그리고 비밀입니다"라는 말까지, 어쩌면 그렇게 밀면집들은 한결같은지 모르겠다. 새콤한 과일이 들어갔는지도 모르겠다. 양념을 타서 제대로 먹으니 밀면 육수에서 시큼한 맛이 더 강해진다.

물밀면 3500원, 비빔밀면 4000원, 만두 3500원
영업시간 10:30~21:00
부산 연제구 과정로 172(연산동) 051-754-8138

어묵

어묵

어묵집에 불났다? 한마디로 부산 어묵이 난리가 아니다. 최근 부산 어묵의 높은 인기는 가업을 이어받은 2세, 3세들이 달라진 생각으로 신제품을 만들고, 베이커리 카페 등을 통해 시민들과 직접 만나면서 촉발된 것이라고 분석된다. 부산에 오면 꼭 가봐야 할 전통의 부산 어묵 업체와 맛 좋고 분위기 좋은 어묵집을 소개하는 '부산 어묵 로드'를 만들었다.

삼진어묵

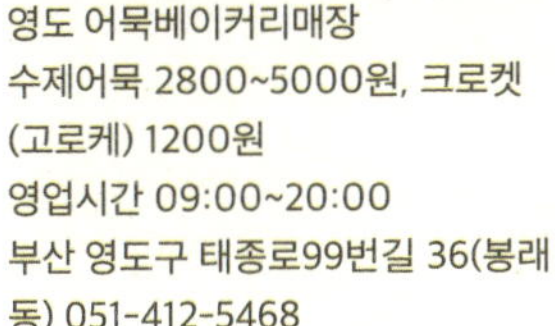

영도 어묵베이커리매장
수제어묵 2800~5000원, 크로켓
(고로케) 1200원
영업시간 09:00~20:00
부산 영도구 태종로99번길 36(봉래동) 051-412-5468

서울에 유학 간 딸의 하숙집을 찾아가는 부모님 손에는 요즘 어김없이 삼진어묵 선물 상자가 들려 있다. 부산역에서 삼진어묵 사기 위해 기다리다 기차를 놓치겠다는 이야기까지 들린다.

삼진어묵은 '2014년 부산 10대 히트상품' 가운데 당당히 3위에 올랐다. 1953년부터 어묵을 만들기 시작한 삼진어묵 영도공장에는 '부산에서 가장 오래된 어묵 제조 가공소'라는 표지가 붙었다. 3대에 걸쳐 60여 년간 이어온 이 어묵 회사는 2013년 어묵 크로켓(고로케)을 베이커리 매장에서 선보이며 대박이 났다.

롯데백화점 부산 서면점, 부산역, 기장 롯데 동부산 아울렛에
잇따라 매장을 늘리고 있다. 2014년에는 어묵 역사관과 어묵
체험장 시설을 갖춰 역사에 걸맞은 내실도 다지고 있다.

삼진어묵은 '삼진(三進)'이라는 오래된 이름을 그대로 사용
한다. 3대째 박용준 부사장을 맞은 삼진어묵이 어디까지 진화
할지 궁금해진다.

미소오뎅

스지 1만5000원, 오뎅 700~2600원
영업시간 17:30~01:00
(일요일 휴무)
부산 남구 유엔평화로 14(대연동)
051-902-2710

2008년 탄생한 '미소오뎅'이 부산 최고의 어묵집으로 우뚝
섰다. 허영만 화백의 만화 '식객'에 등장하고, 미식 가이드 북
'블루리본'에도 당당히 이름을 올렸다. 단골들은 미소오뎅이
왠지 일본 만화에 나오는 '심야식당'과 닮았단다. 아무래도
양재원 대표와 단골이 '식구'가 되어서 만드는 분위기 때문인
것 같다. 새우, 청양고추, 치즈, 고구마, 채소, 명태 등 어묵의
종류가 아주 다양하다. 일일이 수작업을 하는 스지를 허브 소
금이나 미더덕 젓갈과 함께 먹는 맛도 일품이다. 국내외 청주
와 고급 막걸리, 소주는 화요부터 더치 소주까지, 맥주는 에일
부터 벨기에산까지 두루 구색을 갖춰 애주가의 사랑을 독차
지하고 있다. 작은 가게에다 언제 가도 손님이 많아 기다려야
하는 경우도 많다는 사실이 아쉽다. 함께 일하던 직원이 양정
에 분점을 냈다.

백광상회

오뎅탕 2만5000원
영업시간 16:30~03:00
부산 중구 남포길 25-3(남포동2가)
051-246-3089

'白光(백광)'이라는 한자 편액, 몇 년 전 별세한 코미디언 백남봉의 사인이 이 집의 전통을 판토마임처럼 설명한다. 55년 전통의 어묵 전문점이다. 2008년 이전 개업하며 '다찌(선반형 테이블)'까지 뜯어서 왔다지만 분위기가 퓨전 스타일로 변해 서운하다는 옛 단골도 있다. 주인공 메뉴 '오뎅탕'에는 유부 주머니, 두부, 문어, 소라, 토란, 곤약, 새우, 무, 맛살, 달걀, 떡 등 10여 가지가 푸짐하게 들었다. 소뼈, 새우, 멸치와 각종 채소를 넣어 만든 육수의 맛이 깊다. 두부는 튀겨서 넣고 삶은 달걀을 며칠간 국물에 담가 국물 맛이 진하게 배면 내놓는다. 겨자와 된장을 같이 넣은 간장 소스가 이색적이다. 번데기, 양배추, 고구마, 완두콩 등이 소복이 담긴 곁들이 안주도 정겹다. 조진례 대표는 "여러 재료가 어우러져 감칠맛을 내는 어묵 요리 한 그릇에는 사람들을 어우러지게 하는 또 다른 맛이 담겨 있다"고 말한다.

수복센타

스지어묵탕 2만5000원
영업시간 16:00~02:00
부산 중구 남포길 25-3
051-245-9986

'수복센타'는 한국전쟁 발발 직후에 문을 열어 60년이 넘는 역사를 자랑한다. 주말을 앞둔 금요일 저녁에 찾아간 '수복센타'에는 빈자리가 거의 없었다. 조금 과장해서 말하자면 손님 평균 나이가 가게 나이와 비슷해 보일 정도다. 중간에 한 번 주인이 바뀌어 멋쟁이 손춘자 대표가 맡아서 한 지는 29년째다. 문을 열고 들어서면 정종 자판기가 가장 먼저 눈에 띈다. 예전 단골은 거의 정종만 먹었단다. 스지어묵탕에는 계란, 유

부 주머니, 어묵, 곤약, 떡, 스지, 오징어, 새우, 감자 등 이것 저것 참 많이도 들었다. 국물이 약간 싱거웠는데 어르신의 입맛에 맞췄을 수도 있겠다는 생각이 들었다. 곁들이 안주로 나온 미역귀도 반갑다. 손 대표는 "최고령인 95세 손님이 열 살 아래 손님과 친구 먹는 곳이 우리 집이다"라고 자랑하며 진짜 멋진 한 단골의 이야기를 들려주었다. 그는 광복동을 무대, 자신은 그 무대의 배우라고 생각한단다. 와우!

고래사

'늘푸른 바다'와 '고래사' 이 둘은 무슨 관계일까? 함께 일하던 형과 동생이 다른 회사로 분리했다 다시 뭉쳤다. 동생 전정길 씨가 '늘푸른 바다'로 공장을 키우고, 지금은 별세한 형이 '고래사'로 판매를 담당했다. 63년간 어묵을 고집했던 어묵 집안이 2대로 넘어오며 다시 의기투합해 '고래사'라는 브

어우동 4000원
영업시간 07:00~19:00
부산 부산진구 중앙대로769번길
17(부전동) 1577-0676

랜드로 돌아왔다. 고래 없는 바다는 의미가 없고, 바다 없이 고래는 살 수가 없으니까.

부전시장 죽 골목에 들어서면 어묵을 굽고 튀기고 끓이는 맛있는 냄새가 발길을 멈추게 한다. 어묵을 빵처럼 골라 담아 사 가거나 2층에 카페처럼 꾸며진 공간을 갖춰 어묵을 편안하게 먹을 수 있다.

어묵으로 어떻게 국수를 뽑을 생각을 했을까? 어묵면으로 만든 '어우동'은 맛도 있고 살도 안 찔 것 같은 생각에 자꾸 손이 간다.

<u>환공어묵</u>

혼합 모둠어묵세트 1만원
영업시간 07:00~20:30
부산 중구 중구로43번길 25 1층
(부평동) 051-245-2969

부평동 어묵 골목에 자리 잡은 환공어묵은 1940년부터 시작해 3대에 걸쳐 가업으로 이어가고 있다. 오징어, 당면, 우엉어묵, 묵도리(사각 어묵)가 인기 제품이다. 환공어묵을 쓰면 좋은 재료, 맛있는 재료를 쓴다는 것과 같다고 할 정도로 브랜드 가치를 인정받고 있다. 부산에서 살며 어묵 맛을 알게 되면 다른 지역으로 이사가도 꼭 환공어묵으로 사달라고 부탁하는 경우가 많다. 환공어묵만 사용한다고 자랑하는 어묵집도 있을 정도다. 오랜 역사 만큼이라 오래된 팬이 많다. 기술력이 바탕이 되어 다른 집보다 어묵이 쫄깃하고 담백하다.

가격대도 3개 1000원부터 3500원까지 다양하다.

보돌어묵

캠핑오뎅세트(4~5인용) 1만8000원
영업시간 09:00~20:00
(일요일 휴무)
부산 연제구 교대로 3(거제동) 중보
st 빌딩 103호 051-256-0055

2013년 부평시장에서 시작해 2014년 부산교대역 근처에서 카페&어묵집으로 다시 개업했다. 어묵을 사서 간단히 데워 먹고 갈 수도 있다. 카페와 담장도 없이 공존하는 어묵 가게의 구조라 따뜻한 아메리카노를 곁들여 어묵을 먹는 이색 경험을 할 수 있다. 특별히 조리된 어묵은 없고 구매한 어묵을 데워 먹는 정도라 조금 아쉽다. 반대로 생각하면 커피 마시러 갔다가 어묵을 구매하거나 택배로 보낼 수 있으니 그건 좋은 점이다. 땡초어묵, 오징어땡초볼어묵, 양파어묵, 조기 맛 어묵이 인기다.

'보돌'이라는 블로그 닉네임을 쓰는 윤보람 씨가 부모와 함께 운영하고 있다. 보돌 양의 젊은 감각이 더해져 '캠핑오뎅세트' 같은 재미있는 제품이 눈에 띄나 보다. 어묵탕을 끓이면 같이 따라온 수프만 넣어도 맛있는 국물 맛이 우러나온다. 좋은 생선살을 사용한 덕분이다.

범표어묵

어묵세트 1만원
영업시간 10:00~19:00
부산 중구 부평2길 53(부평동)
051-245-5089

1984년부터 어묵을 만들기 시작했다. 어묵 하면 소주나 정종이 떠올리지만 범표어묵은 크롬바커 맥주를 대표로 내세운다. 2대째 가업을 잇는 김희규 대표의 새로운 감각이 더해진 덕분이다. 어묵 메뉴 이름 중에 '88 어묵'이 눈에 띈다. 왜 이런 이름을 붙였을까? 생선살 88%를 넣고 만든 어묵이다. 범표어묵은 그만큼 어육살을 엄청나게 많이 넣고 만든다는 사실을 한 번에 알 수 있다.

미도어묵

미도 핫바 1500원, 어묵 세트 1만원
영업시간 07:00~20:00
부산 중구 중구로43번길 31(부평동)
051-245-2968

1963년 '맛의 진리'라는 뜻으로 시작된 미도어묵이 3대째 가업을 이어가고 있다. 2003년에는 쌀 어묵을 처음으로 만들었다. 2008년에는 '해참부산미도어묵'이 부산 어묵의 아이콘이라고 부를 정도로 인기를 끌었다. 미도어묵은 밀가루 함량은 낮고, 어육 함량이 높은 고급 어묵 제품으로 승부한다. 어묵을 이용한 다양한 레시피 동영상을 홈페이지에 공개해 관심을 끈다. 미도어묵은 '미도큐브'라는 제품도 인기가 높다. 사각의 치즈처럼 생겨 아이들 간식용이나 안주용, 피자용 토핑으로도 먹으며 좋다. 공장 근처 장림에 직영점, 부평동 시장에 미도어묵 매장이 있다. 최근 국제시장 안에 '미도카페'라는 어묵베이커리도 오픈했다.

감성오뎅

부산진구 연지로얄맨션 맞은편 작은 골목에는 이동준 대표의 젊은 감성을 담은 '감성오뎅'이 자리 잡고 있다. 이른 시간인데도 가게 안에는 이미 많은 손님이 모여 앉아 술잔이 오고 가고 있다. 가게 한가운데엔 여러 가지 어묵이 담긴 어묵바가 있다. 하얄리야 부대 뒤편에서 어묵 집을 하던 할머니에게서 비법을 전해받았다는 소문이 있어서 물어봤더니 외숙모란다. 국물에는 멸치 육수의 시원함과 함께 단맛이 돈다. 전체적으로 깔끔한 맛이다. 다른 화려한 수식이 없는 국물인데도 자꾸만 손이 간다. 취향대로 원하는 만큼 어묵을 골라 자리에 앉으면 양파와 겨자 간장이 담긴 그릇이 나온다. 나이를 먹어가면서 감성이 메말라간다는 생각이 든다면 감성어묵에서 어묵을 먹자.

오뎅·곤약·떡 각 800원, 소힘줄(스지) 2000원, 비빔국수 4000원
영업시간 16:00~01:00
(일요일 휴무)
부산 부산진구 동평로235번길 15
(연지동) 070-4239-4180

범전동 오뎅집

범전동 오뎅집 간판에는 1968년부터 시작되었다고 적혀 있다. 하얄리아 부대 분수대 인근에 있던 오뎅집 할머니의 40년 비법을 이어받은 박영근 대표가 2009년 3월에 현재의 자리로 옮겨와 새롭게 시작했다. 좋은 재료는 맛의 기본이다. 환공어

오뎅 800원, 비빔국수 4500원
영업시간 11:00~21:30
(일요일 휴무)
부산 부산진구 시민공원로 11 서면
쌍용스윗닷홈SKY(부암동)
051-803-5008

묵과 국내산 채소를 사용한다. 남해산 멸치만 사용한 육수와 거기에 담긴 18종류의 어묵에서 우러나온 맛이 어우러져 깔끔하면서도 단맛을 내는 국물이 완성되었다. 어묵이 맛있는 건 기본이고 매콤한 비빔국수와 함께 어묵 국물을 먹는 것도 단골들의 세트메뉴이다. 처음 방문해 잘 모를 때는 단골들의 비법을 따라 하는 것도 방법이다.

명성횟집

오뎅백반 7000원, 오뎅탕 2만 5000원
영업시간 11:00~22:00
(일요일 휴무)
부산 동구 고관로 128-1(수정동)
051-468-8089

전국 어디 가서 먹어봐도 어묵탕의 기준은 '명성횟집'이다. 여기만큼 국물이 깊고 내용물이 풍성한 곳은 여태 없었다. 명성횟집은 1968년에 문을 열었으니 50년이 다 되어간다. 명성의 어묵탕은 식사 때는 백반, 술 한잔 할 때는 안주로 정겹다. 살짝 들여다보니 어묵, 곤약, 스지가 칸칸이 들었다. 노랗거나 흰 어묵, 녹색의 은행과 다시마가 어울려 색깔이 참 곱다. 어묵 국물은 소뼈를 넣고 곤 뒤 해물을 많이 넣어 시원한 맛을 냈다. 정선옥 대표는 "오뎅탕에는 15가지의 재료가 들어가는데 우리 집만큼 재료를 풍부하게 사용하는 곳을 별로 없을 것"이라고 말한다. 어묵탕 한 그릇 안주로 시키면 꼴뚜기 회, 문어 숙회, 꽁치구이 등 술 한잔 하는 데 꼭 필요한 안주는 다 가져다준다.

부산어묵 상향(尚饗)

설날을 맞아 고향 가는 기차에 부산어묵 선물세트를 들고 올랐다. 제사상을 준비하는 사촌 형수가 지난 설에 '부산어묵'이라고 노래 부르는 걸 들어서였다. 그런데 관광객으로 보이는 예쁜 중국인 처자가 나처럼 어묵 세트를 들고 옆좌석에 앉는 게 아닌가. 부산어묵이 정말 인기는 인기인 모양이다.

말을 걸고 싶어졌다. 부산어묵의 우수성을 알리고 싶다는 뜻이다. 어흠! 어묵의 기원이 중국이란 사실을 아느냐고 물었다. "어머, 그래요?" 그녀가 관심을 보이는 순간이었다. 공교롭게도 앞좌석에 일본인 남자가 앉아 있었나 보다. "아닙니다. 생선살을 발라 만든 일본의 가마보코가 어묵의 원조입니다." 이런, 이런…. 당구 용어로 하면 '겐세이'다.

"그건 하나만 알고 둘은 모르는 이야기입니다." 중국 처자에게만 하려고 했던 이야기를 풀어놓았다. "진시황이 생선 요리를 즐겼는데, 생선 가시를 아주 싫어했습니다. 요리에 가시가 들어가면 요리사를 사형시켜 버렸습니다. 그러니 요리사가 고심하다가 으깬 생선살로 경단을 만들었습니다. 그게 바로 어묵이 되었습니다." 중국에는 어환(魚丸), 어단(魚蛋)이라고 부르는 어묵이 있다. 우리처럼 기름에 튀기기보다는 주로 물에 삶아서 먹는다. 홍콩에서는 카레 맛 소스를 묻혀서 먹는 어묵꼬치가 국민 간식으로 꼽힌다. "최근 홍콩 네티즌들은 음식 노점상 단속에 항의해 '어묵 혁명(#fishballrevolution)'이라는 해시태그를 붙여 SNS를 통해 저항하고 있지요."

중국과 일본이 함께 솔깃해하자 신이 나서 부산어묵 이야기를 이어갔다. "고래사 어묵은 이미 중국에 진출해 어우동, 어짬뽕으로 대박 조짐을 보이고 있습니다. 삼진어묵은 일본 후쿠오카점을 시작으로 도쿄와 오사카에도 진출한다고 하네요."

'한·중·일' 은 참 비슷하면서도 또 다르다. 설날만 해도 그렇다. 중국은 정월 초하루부터 4일까지 '춘절' 연휴다. 1872년 태양력을 도입한 일본에서 설은 아무 의미가 없다. 일제강점기부터 신정을 강압적으로 장려했지만, 한국의 설날은 이렇게 굳건히 살아남았다.

"한·중·일 관계는 재밌어요. 일본이 라면을 처음으로 만들었지만 그 기원은 중국의 국수죠. 세계에서 라면을 가장 많이 생산하는 나라는 한국이고요. 중국에서 시작해 일본에서 발전한 어묵, 부산 스타일로 되살아난 부산어묵의 향후 행보가 흥미진진하지 않나요?"

다시 한번 새해를 보냈다. 부산어묵의 백가쟁명으로 더 다양한 어묵이 나와 세상 사람의 입맛을 사로잡기를 축원한다. '어묵 혁명'을 기대한다.

복국

복국

복국이 주종을 이루는 복요리는 부산의 향토음식이다. 복요리는 일본이 한국에 전수해 특히 부산에서 발달했기 때문이다. 예전에 복국은 가마솥에 콩나물과 생복어를 먼저 넣고 마지막에 미나리를 첨가해 돼지국밥처럼 뚝배기에 덜어 먹었단다. 부산에서 복요리로 이름난 숨은 고수를 찾았다. 복요리도 다양하게 진화하고 있음을 실감했다.

금호복요리전문점

참복 2만원, 까치복국 1만2000원
은복국 8000원, 참복 샤부샤부 4만원(1인분)
영업시간 10:00~21:00
(일요일 휴무)
부산 서구 충무대로177번길 7(남부민동) 051-255-4379

보통 '금호복국'이라고 부르는 금호복요리전문점은 영업한 지 20년째다. 그런데 인터넷 검색을 하니 거의 소개되어 있지 않다. 최원주 대표는 "자리도 비좁고, 주차 시설도 미비해서…"라며 말끝을 흐린다. 이날 취재도 부산공동어시장에 근무하는 단골의 도움이 아니었으면 힘들었다. 단골 장사라 젊은 손님이 거의 없어 인터넷에서 찾아보기 힘든 것이다. 최 대표는 어시장에 나오는 연근해산 복어만 고수한다. 일년 치 복어를 구매해 자신의 창고에 넣어둔다고 했다. 참복은 5kg만 넘으면 약에 쓴다는데 이날 운 좋게도 8kg짜리 구경을 했다. 진짜로 복어 살이 쫄깃하다. 재료가 훌륭하니 육수는 당연히 맛있다. 샤부샤부는 머릿고기의 뼈와 갈빗살까지 넣고 잘 끓였다.

덕천복집

복삼계탕, 복추어탕, 눈꽃복삼계탕, 복갈비, 복전골…. 다양한 복요리에 깜짝 놀랐다. 덕천동에 이렇게 큰 복국집이 생긴 지 벌써 7년이 되었단다. 졸깃한 참복 회가 참 좋다. 몸값 비싼 복 회에는 식용 금을 올려 고급스러움을 더했다. 눈꽃복삼계탕은 참복 육수로 끓여 칼로리가 낮아졌다. 진한 국물은 깔끔하게 맑아졌다. 은이버섯(Snow Fungus)이 복삼계탕에 눈꽃을 피웠다. 그래서 초복부터 말복까지 여름에도 손님이 많다. 밀복 샤부샤부는 무, 대파, 양파, 복어 머리로 낸 국물이 부드럽게 달다. 복어 살과 뼈도 많이 들어가 국물이 진하다. 복어에 대한 연구를 많이 하는 집이다. 외식업 공부하기를 좋아하는 서인숙 대표의 소신 덕분인 듯하다.

국내자연산참복 2만1000원,
복샤부샤부 2만9000원,
눈꽃복삼계탕 2만5000원
영업시간 10:00~22:00
부산 북구 기찰로 41-3(덕천동)
051-334-5454

남포식당

어시장 관계자들만 알던 '남포식당'이 이제는 너무 유명해져서 살짝 아쉽다. 하지만 노포스러운 모습과 30여 년간 한 자

복국 1만2000원, 복수육 4만~6만
원, 회 1만~3만원
영업시간 09:00 ~ 21:30
부산 서구 충무대로 169-1(남부민
동) 051-254-8029

리를 지켜온 박옥순(80) 여사의 포스는 변함이 없다.

남포식당에 가면 복국 먹기 전에 막 썰어주는 막회가 먼저다. 철 따라 좋은 생선을 채 썰어 낸다. 무채, 미나리, 미역을 얹어 새콤달콤한 초장을 찍으면 가히 입에서 살살 녹는다. 이렇게 먹다 보면 소주 한 병은 후딱 없어진다.

차가운 회를 먹었으면 이제는 속을 데워야 할 차례다. 고대하던 밀복국이 나왔다. 사람들아, 밀복의 몸값이 참복보다 밀린다고 얕보지 마라. 밀복국 국물이 억수로 진하다. 자연산 밀복이 자연스럽게 내는 맛이다. 제철인 겨울에 잡힌 밀복은 고소한 곤이를 가득 품어 그 맛 또한 일품이다. 어제의 숙취가 동동 떠내려간다.

제주복국

은복 1만원, 밀복 1만3000원, 참복 코
스(초회, 튀김, 찜, 수육, 복국) 3만원
영업시간 10:00~21:00
(토, 일요일 09:00~)
부산 영도구 절영로 481(동삼동)
051-405-5050

'제주복국'은 제주처럼 사방이 바다로 둘러싸인 영도에 있다. 이곳 김한수 대표는 복어 유통회사를 운영한다. 재료를 직접 유통하다 보니 편리한 점이 있다. 신선한 복어를 쓰고, 양도 푸짐하게 줄 수 있다. 김 대표 본인이 먹고 푸짐하다고 느끼는 만큼을 기준으로 잡았다며 웃는다.

복국이 나오기 전에 차려진 반찬 가운데 복 튀김과 복 껍질 무침이 있다. 튀김은 따뜻할 때 먹어야 맛이 있으니 얼른 맛을 보았다. 고소하면서 부드럽다.

곧 복국이 나왔다. 큼직한 복어가 푸짐하게 들었다. 이 집 복국을 맛있게 먹는 법이 따로 있다. 국물에 초장을 넣어서 먹으라고 권한다. 국물이 금세 빨갛게 물이 든다. 코스 메뉴의 차림도 가격 대비 구성이 알차다. 재료를 아끼지 않는 넉넉한 인심이 마음에 쏙 든다.

진주복국집

복찌개 7000원, 복지리 7000원
(1인 주문 시 8000원)
영업시간 09:00~23:00
(일요일 휴무)
부산 부산진구 서전로10번길 31-
11(부전동) 051-802-8428

'진주복국집'은 좁은 골목 깊숙이 자리하고 있어 미로찾기를 하는 기분이 든다. 40년째 운영을 하는 곳이라 낡은 간판이 손님을 정겹게 반긴다.

1인분에 7000원이다. 가격이 착한 비결을 물으니 온 가족이 함께 운영해 인건비를 줄여 가능하다는 대답이다.

반찬이 차려지고 복국이 나왔다. 큰솥에 끓인 것을 두 그릇으로 나누어 담아 준다. 남은 국물이 든 솥은 두고 간다. 복국과 함께 나오는 공깃밥을 그냥 먹을 것인지 비벼 먹을 것인지를 물어봐서 고민이 된다. 이 집 단골이라면 "비벼 주세요"라고 말할 것이다. 콩나물과 고추장, 참기름, 잘게 자른 김을 넣고 큰 양푼에 밥을 비벼서 내어 준다. 비빔밥과 시원한 복국 국물이 자꾸만 생각난다.

진주복집

복국을 시키면 손질된 복어가 국물에 담겨서 나오는 것이 일반적이다. 하지만 '진주복집'에서는 복 수육과 국물이 따로 나온다. 먼저 복 수육을 초장에 찍어 먹거나 살을 발라 국물에 담가 먹기도 한다. 각자의 개성에 따라 즐기면 된다. 따로 나오니 먹기에 조금 더 편한 것 같다. 국물에는 콩나물, 미나리, 무가

생복어 지리 1만4000원, 생복어 매운탕 1만4000원, 복수육 5만원
영업시간 08:30~23:00
(일요일 휴무)
부산 부산진구 서전로9번길 46-1(부전동) 051-809-6356

들었다. 첫맛은 시원하고 끝맛은 달다.

복국만 맛있는 것이 아니라 함께 나온 반찬에도 정성이 들어 있다. 새콤달콤한 복어 껍질 무침과 칼칼한 갈치조림에 입맛이 돈다. 제철 반찬으로 장보기에 따라 매일 달라진다. 이날은 나오지 않았지만, 꼬막 무침도 맛있다는 단골의 이야기를 들었다. 겨울이 가기 전에 다시 한번 가야겠다는 생각이 들었다.

통영졸복

복지리 1만6000원, 복매운탕 1만6000원, 밀복 1만3000원, 복수육 6만원
영업시간 09:00~22:00
(일요일 휴무)
부산 연제구 중앙대로1133번길 14(연산동) 051-868-7775

통영으로 여행 갔을 때 낚시로 잡은 졸복을 본 적이 있다. 화가 잔뜩 난 졸복은 몸을 동그랗게 부풀렸다. 크기가 테니스공 정도여서 무섭지 않고 귀여웠던 첫 만남이 기억난다.

'통영졸복'은 이름처럼 통영산 졸복으로 복국을 만든다. 복국 한 그릇에는 몸통부터 꼬리까지 잘 손질된 여러 마리의 졸복이 들었다. 손가락 두 마디 정도의 졸복이다. 이런 귀여운 졸복 여러 마리가 그릇 속에서 살아 헤엄치는 듯한 착각이 든다.

졸복을 한 마리 건져 초장에 찍어 맛을 보니 달다. 시원한 국물에서는 바다 향이 난다. 복국 옆에는 콩나물을 건져서 비벼 먹을 수 있도록 양념이 담긴 그릇을 하나 내어 준다. 반찬의 종류도 많고 모두 손이 가는 것이라 기분 좋은 식사를 할 수 있다.

고등어

고등어

우리나라에서 생산된 고등어의 90%는 부산이 원산지이다. 그래서 고등어는 부산의 시어(市魚)다. 부산시는 고등어 거리를 만들고, 고등어를 주제로 한 영화도 제작하기로 했다. 하지만 그동안 고등어 요리법이 너무 단조로워 아쉬웠다. 맛있는 고등어 요리는 없는지 찾아나섰다.

수미가

식사 코스(회, 구이, 묵은지 고등어) 1인 1만원부터, 회 코스 1인 3만원부터, 활고등어 회 3만원, 시메사바 3만원
영업시간 11:30~22:00
부산 해운대구 좌동로10번길 67(중동) 부산도시철도 2호선 장산역 인근 하이마트 뒤편 051-746-9621

미식가 중에 고등어 회에 대해 극찬하는 사람이 있었다. 그를 따라 고등어 회를 처음 먹던 날 고등어의 속살은 흐물흐물하니 그저 그랬다. 고등어는 낚아 올리면 금방 죽고, 죽으면 또 쉽게 부패해 회로 먹기에 좋은 생선이 아니다. 고등어 회가 귀하니 맛있게 느껴지는 게 아닐까. 그런데 몇 번 먹다 보니 고등어의 진한 살 맛에 푹 빠지고 말았다, 다른 생선의 살은 이제 싱겁게 느껴지니 어찌할까. 참치? 꽁치? 갈치? 생선 하면 고등어!

해운대 '수미가'는 부산에서 활고등어 회를 먹을 수 있는 곳으로 이름이 났다. 실제로는 아주 다양한 고등어 요리가 차려져 좋았다. 가게 안에는 평범한 사각형 수조와 원통형 수조가 있다. 원통형이 고등어 전용이다. 고등어들이 쉴 새 없이 뱅글뱅글 돌아다닌다.

수미가의 고등어 회는 부드럽고 고소했다. 특제 유자소스에 찍어 김과 '씻은지'에 올려 먹어도 맛있다. 고등어 초절임인 시메사바는 촉촉한 상태로 들어와 입안에서 녹았다.

점심 메뉴인 고등어 추어탕(5000원)은 여름 보양식처럼 느껴져 고마웠다. 새콤한 고등어 찌개는 생각만 해도 침이 고인다. 고등어를 맛있게 먹는 방법은 아주 많았다. 고등어, 넌 대체 어디까지 가능하니?

진주식당

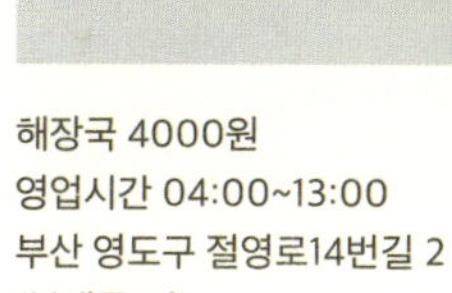

해장국 4000원
영업시간 04:00~13:00
부산 영도구 절영로14번길 2
(봉래동1가)

메뉴 선택으로 고민할 필요가 없다. 영도 진주식당은 65년째 고등어 추어탕 한 가지만 한다. 작은 골목 안에 있던 가게가 큰길로 나왔고, 전 주인 할머니가 운영하다 같은 동네에 살던 한광옥 대표가 이어받았다는 변화만 있었다. 주방을 맡은 분들이 그대로라 맛은 전혀 달라지지 않았다.

한 대표는 "나는 대표라기보다 주방 이모들 심부름하는 사람이다"며 사람 좋게 웃는다. 오래된 가게에 음식을 만드는 사람도 손님도 동네 주민이 많아 분위기가 가족적이다.

찾아간 날은 여름이라도 아침부터 비가 와서 쌀쌀했다. 따끈한 국물 생각이 통한 것일까. 이른 아침부터 손님이 많았다. 예전에는 궂은 날씨가 아닌 날에도 가게 안을 꽉 채울 정도로 손님이 많았단다.

진주식당 가운데는 가게를 꽉 채운 긴 테이블이 하나 놓여 있다. 그 위에는 제피가루, 소금, 큰 양푼에 담긴 깍두기가 있다. 긴 테이블의 장점을 곧 깨달았다. 혼자서 밥을 먹더라도 옆에 사람이 와서 먹으니 외롭지 않아서 좋다. 작은 그릇에 먹을 만큼의 깍두기를 덜었다. 밥도 먹을 만큼 덜어서 먹도록 큰 양푼에 담겨 나온다.

뚝배기에 시래기를 넣고 끓인 고등어 추어탕이 나왔다. 추어탕에 든 계란을 풀고 밥을 말아서 깍두기를 올려 맛있게 먹었다. 국물에 고등어를 갈아 넣었다는 말을 하지 않으면 알 수가 없다. 시래기의 구수한 맛에 밥을 말아 먹으니 술술 넘어간다. 일찍 잠에서 깨어 따뜻한 국물이 생각난다면 진주식당에 가서 해장국 한 뚝배기 해도 좋겠다

예솜

시메사바 초밥 한 접시 1만8000
원, 양고기 티본 100g 1만원, 갈빗살
9000원, 꼬치 5개 1만원
영업시간 16:00~24:00
부산 연제구 월드컵대로120번길
5(연산동) 부산도시철도 연산역 6번
출구에서 망미동 방향 30m
051-865-1125

'심해 사바'라고? 음식깨나 먹는 사람들 틈에 끼어 처음으로
녀석을 맛보던 날이었다. '사바'가 일본어로 고등어이니, 깊은
바다에 사는 고등어인 줄 알았다. 알고 보니 '시메사바(締鯖)'
였다. 우리말로는 '고등어 초절임'. 우리 간고등어의 유래와
많이 닮은 음식이었다.

에도시대에 동해에서 잡은 고등어를 교토까지 운반해야 했
다. 냉장시설이 없던 시절이라 소금과 식초에 절여서 보냈다.
고등어는 발효되며 묘한 풍미가 생겨 교토 사람의 미각을 사
로잡았다. 국내에서도 일식집을 위주로 시메사바를 취급하는
곳이 늘어나는 추세다. 하지만 잘하는 집을 찾기는 쉽지 않다.

연산동의 '예솜' 이채윤 대표가 "시메사바 초밥은 일본보다
우리 집이 더 맛있다"고 자랑을 했다. 비결은 오분도 쌀로 초
밥을 쥐는 데에 있었다. 초절임된 고등어 살에는 비린내라고
는 없었다. 백미보다 훨씬 씹힘성이 좋은 오분도 쌀로 지은
밥과의 조화가 기가 막혔다. 지금까지 세상에 이런 초밥은 없
었다.

이 대표는 "초밥은 밥이 중요한데 조금씩 도정하지 않으면 산
화해서 맛이 없다. 여러 가지로 해봤지만 오분도 쌀이 가장
맛있다. 정성을 들여서 음식을 만드니 맛을 찾아서 다니는 분
들이 오면 좋겠다"고 말한다. 예솜의 시메사바는 최소한 전날
주문해야 맛볼 수 있다.

비토

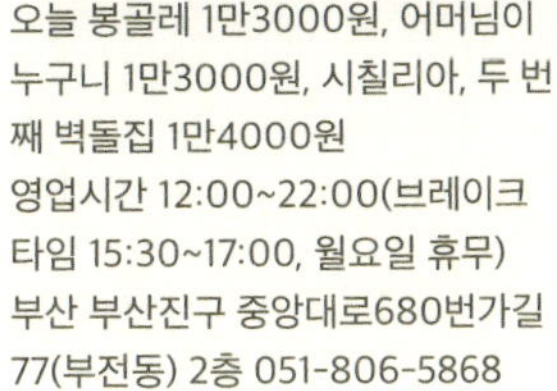

오늘 봉골레 1만3000원, 어머님이
누구니 1만3000원, 시칠리아, 두 번
째 벽돌집 1만4000원
영업시간 12:00~22:00(브레이크
타임 15:30~17:00, 월요일 휴무)
부산 부산진구 중앙대로680번가길
77(부전동) 2층 051-806-5868

"시칠리아 따오르미나 골목 안쪽 두 번째 벽돌집에서 먹었던 파스타를 잊지 못하겠너군요."

요리사는 나이 지긋한 할머니였다. 그의 아들이 잡아 오는 생선을 올려 파스타를 만들었다. 담음새부터 맛까지 잊을 수가 없었다. 서면에서 '가내수공업 양식당 비토'를 운영하는 김상진 대표의 이야기다.

그 시절 마음을 담아 '시칠리아, 두 번째 벽돌집' 메뉴를 시작한 지 2년쯤 되었다. 그날 장보기에 따라 고등어, 열기, 볼락 등 다양한 생선이 올라간다. 고등어가 올라간 파스타가 궁금해서 미리 주문하고 찾아갔다.

빈티지한 접시 위에 넙적한 파스타 면, 그 위에 고등어가 한 마리 누웠다. 비토는 직접 만든 수제 파스타 면을 사용한다. 파스타 면의 기본은 '알 덴테(면발이 단단하게 삶긴 상태)'이다. 안초비와 후추가 든 파스타는 매콤해서 입맛을 당긴다. 소금간이 된 고등어를 조금 뜯어 반찬 삼아 파스타 면과 함께 먹었다. 매콤한 면과 간이 잘된 고등어를 함께 먹으니 저절로 웃음이 난다.

앞으로의 꿈이 뭐냐고 엉뚱한 질문을 했다. 그는 "나이가 들어서도 재미있게 요리하고 싶다. 화려하지 않아도 제 요리를 좋아하는 사람들이 찾아오는 공간을 만들고 싶다"고 말했다.

메뉴별 맛집

국수

국수

국수는 서민의 음식이다. 착한 가격의 따뜻한 국수 한 그릇이면 허기도 잠시 잊는다. 국수는 또 잔치 음식이다. 그래서 아직 결혼하지 않은 처녀 총각에게 "언제 국수 먹여줄래"라고 묻는다. 국수는 미소의 음식이다. 불가에서는 국수만 생각하면 미소가 피어오른다 해서 '승소(僧笑)'라 부른다. 생각만 해도 미소 짓게 되는 부산의 국숫집을 순례했다.

3대 수산국수

닭한마리국수 7000원, 가오리회비빔국수 6000원, 3대 수산국수 3500원
영업시간 09:00~20:00
부산 부산진구 초읍천로108번길 10(초읍동) 051-802-5477

'@@'이란 문자를 받고 궁금해 무슨 뜻인지 물었다. 눈이 튀어나올 정도로 놀랐다는 의미란다. 3대 수산국수의 닭한마리국수를 처음 봤을 때 느낌이 그랬다. 국수를 시켰는데 통닭 한 마리가 전신 누드로 다리를 꼬고 요염하게 누워 나왔다. 온몸에 발라진 깨는 해변에서 묻은 모래 같다. "대체 어디서부터 어떻게 먹어야 할지…." 이 국수는 삼계탕과 면을 사랑하는 원성현 대표의 창작 요리다. 단골들은 '가성비 끝판왕'이라는 별명을 붙여 주었다. 깨와 닭이 어울려 국물이 아주 고소하다.

가오리회비빔국수는 별미다. 양념이 달고 맛있어서 비법이 궁금했다. 비결은 재료에 있었다. 모든 재료를 국산만 쓴다. 중국산 참기름이나 깨소금, 고춧가루를 쓰면 이런 맛이 안 나온다. 손님들도 용케 그걸 다 알아차린다. 구하기 힘든 밀양 수산국수 면을 줄 서서 받아 와 사용한다. 매끄러운 수산국수 맛은 먹어본 사람만 안다. 3년 된 묵은지가 기막히게 맛있다.

안동손칼국시

손칼국시 5000원, 열무국시 6000원, 콩국시 7000원, 접시만두 6000원
영업시간 09:00~21:00
부산 수영구 장대골로52번길 6(광안동) 051-758-8166

오래전 미식가인 선생님을 따라간 곳은 칼국숫집이었다. 어쩌면 그렇게 멸치 육수가 진하던지…. 구포국수로 이름난 국숫집의 진한 멸치 육수에다가 칼국수 면을 넣은 느낌이었다. 그 육수 맛은 오랫동안 머릿속에서 찰랑거렸다.

기억을 더듬어 몇 년 만에 다시 찾아가서 보니 '안동손칼국시'였다. "이 맛이야!" 강한 멸치 육수는 여전히 중독적이었다. 김혜영 대표가 주방, 오빠 김대욱 씨가 홀을 맡는다. 이 자리에서만 20년, 총 35년간 국수 장사를 했다. 육수에는 디포리(밴댕이)와 멸치, 양파, 청양고추가 들어간다. 재료를 알려줘도 상관없는 것이, 국수 육수는 비율이 중요하기 때문이다. 육수는 너무 진해도 금방 싫증이 난다.

국물이 맑아서 건진국수 느낌이 난다. 원하는 손님에게는 건진국수도 선뜻 해준다. 콩국시에는 검은콩을 갈아 넣고, 검은깨가 뿌려져 검푸른 빛이 돈다. 여름철 보약 한 사발이다.

남도죽팥칼국수

팥칼국수 6000원, 닭칼국수 7000원, 들깨칼국수 6000원, 냉콩국수 6000원, 비빔밥 6000원, 새알팥죽 7000원
영업시간 10:30~21:00
부산 부산진구 가야대로 488-9(개금동) 051-891-1588

더운 여름이지만 에어컨 바람에 시달린 탓인지 따뜻한 팥칼국수 생각이 났다. 부산진구 개금동에 고영신, 김충임 부부가 운영하는 '남도죽팥칼국수'를 찾았다.

팥칼국수는 겉으로는 면이 보이지 않는다. 팥국물을 젓가락으로 크게 저으니 그제서야 통통한 칼국수가 드러난다. 면에는 고소하면서도 단맛이 도는 팥국물이 듬뿍 묻어 있다. 후루

룩하고 빨아들이면 입안에 머무를 새도 없이 쑥 넘어간다. 반찬으로 나온 물김치와 깍두기를 곁들이니 젓가락이 더 신이 난다.

맷돌로 직접 갈았다는 콩국수는 국물이 너무 부드러워 생크림 같다. 진한 국물의 닭칼국수도 자꾸만 손이 간다. 부부는 가게에서 쓰는 식재료를 산지에 가서 직접 구매한다. 그리고 벌레가 생기지 않도록 전용 냉장창고에 보관한다. 기본을 지키려고 노력을 하는 것뿐이라며 겸손하다. 재료부터 마음을 쓰니 맛은 당연하다.

모란국수

멸치국수 4000원, 냉멸치국수 4500원, 비빔국수 5000원, 콩국수 6000원, 바비큐 3000원
영업시간 11:00~20:00(월요일 휴무)
부산 부산진구 성지로8번길 11(연지동) 051-806-0623

오주연 대표의 할머니는 모란꽃을 좋아했다. 지금은 돌아가셨지만, 할머니가 살던 동네에서 국숫집을 열게 되면서 '모란국수'로 이름을 지었다.

주문할 때 밀가루 면과 현미 면 두 가지 중에 먼저 선택을 하고 멸치국수, 비빔국수, 콩국수를 고르면 된다. 현미 면의 비빔국수를 주문했다. 컵에 따뜻한 멸치 육수가 나온다. 육수의 진하고 깊은 맛을 보니 멸치국수를 먹어도 좋았겠다는 후회가 살짝 들었다.

비빔국수에는 빨간 양념과 꼬시래기, 삼겹살 바비큐, 채소가 올라간다. 직접 담근 황매실청, 양파청, 조청을 넣어 비빔소스를 만든다. 양념과 재료를 잘 비벼서 한 입 맛을 보았다. 맛있게 매운 양념장에 적당히 삶아진 면은 잘 어울린다. 직접 구운 바비큐는 국수만으로 허전할 수 있는 속을 꽉 채워준다. 오 대표는 "가장 좋아하는 음식이 국수다. 누가 먹어도 맛있는 국수를 만들고 싶다"며 바쁘게 움직인다.

옛날국수집

국수 3500원, 비빔국수 4000원, 비빔당면 4000원, 물냉면 4000원, 김밥 1500원
영업시간 11:00~20:00
부산 서구 까치고개로160번길 54(아미동) 051-241-7454

'국수골목'이라는 표지판이 보인다. 한국전쟁 때 피난민들이 부산 서구 아미동 비석마을에 정착하면서 국숫집 여러 곳이 모였단다. 지금은 하나만 남았다. '옛날국수집'은 1952년부터 계속 국숫집 자리였던 곳이다.

피난민들은 하루의 고단함을 국수 한 그릇으로 달랬다. 오랜만에 찾아온 나이 지긋한 손님은 "이 자리에 아직 국숫집이 있네"라며 반가워한다. 힘들었던 그때를 추억할 수 있어 좋다고 했다.

국수가 나왔다. 따뜻한 멸치육수에 면이 인심 좋게 담겼다. 어묵, 달걀, 단무지, 파, 김, 부추, 양념장이 고명으로 올려져 있다. 꾸밈없이 소박한 맛이다.

국수만으로는 배가 고플까 싶어 테이블 위에 있는 달걀을 하나 먹었다. 김미경 대표는 "압력솥에서 삶아낸 것이라 맛있다"고 말한다. 비빔당면과 김밥까지 곁들이니 든든한 한 끼가 되었다.

메
뉴
별 맛
집

라면

라면

라면 맛은 전부 같다고 생각하는 사람이 있을지도 모르겠다. 천만의 말씀이다. 정해진 양의 면과 수프로 끓이는 라면이라 해도 끓이는 사람에 따라 맛의 차이가 있기 마련이다. 부산의 특별한 라면집을 모았다.

골목분식

라면 1500원, 떡라면 2000원,
비빔라면 2000원 (소·대·특 선택)
영업시간 09:00~19:00
(볼일 있는 날 휴무)
부산 영도구 중리북로22번길 12(동삼동)

부산체고 앞 골목길 안쪽에는 30년의 세월이 쌓인 '골목분식'이 있다. 회색 문을 열고 들어서면 짙은 갈색의 테이블이 좁은 간격으로 놓여 있다. 작은 부엌에서 할머니, 할아버지가 라면을 끓이고 있다. 라면은 세 가지 종류가 있다. 하지만 다른 걸 시키면 할아버지가 "비빔라면을 먹는 게 어떠냐"고 권유할 것이다. 비빔라면을 시키면 국물도 같이 나오는데 굳이 다른 걸 시킬 필요가 없다는 뜻 같았다.

주문한 비빔라면이 나왔다. 꼬들꼬들한 면발이 달콤한 고추장에 버무려져 있다. 면 위에는 채 썬 오이와 젓갈이 장식되었다. 달걀이 풀어진 라면 국물에는 작게 자른 떡과 어묵이 자리 잡았다. 반찬은 단무지 한 가지다. 체고 졸업생들은 혹시나 하고 찾아왔다가 여전히 자리를 지키고 있는 할아버지를 보면 그 시절 생각이 나서 반갑단다. 추억의 맛이다.

웬디카레

카레 너구리&라이스 5000원,
매콤 크림 너구리&라이스 5000원
영업시간 11:30~21:00
부산 부산진구 중앙대로692번길
45-7(부전동) 070-8259-3853

얼마 전까지 수제 햄버거 집이었다가 카레로 업종을 변경한 집이 있다. 홍성운 대표가 운영하는 '웬디카레'가 그 집이다. 그는 손님이 좀 더 자주 먹을 수 있는 메뉴라는 생각에 바꾸게 되었다고 했다.

카레라고 하면 밥과 단짝이라는 생각을 한다. 그런데 메뉴 중에 '너구리'가 있다. 너구리? 오동 통통~ 쫄깃쫄깃~ 그 라면이다. 주문한 메뉴가 나왔다. 카레와 라면이 담겨 있고 다시마 한 장이 제일 위에 올랐다. 카레만 해도 맛이 없기 힘든데 거기에 라면 수프까지 합세했다. 맛있을 수밖에 없다. 혹시나 해서 맛의 비결을 묻자 그는 "사랑을 넣어서 그렇다"며 웃는다. 평소에 그가 즐겨 먹고 지인에게도 많이 해주던 메뉴라고 한다. 같이 나온 강황밥까지 남은 카레에 비벼 먹으니 든든한 한 끼로 부족함이 없다. 오늘부터 카레 단짝은 '너구리'가 될 것 같다.

부라보식당

햇살 좋은 날 넓은 마루에 앉아 벚꽃 날리는 온천천을 바라본다. 실내엔 나비가 날아다니는 예쁜 자개상이 놓여 있고, 바닥엔 오색방석이 깔렸다. 어릴 적 시골 할머니 집에 놀러 온 듯한 기분이 든다. 박기우 대표가 운영하는 '부라보식당'의 모습이다.

고기는 저녁에 먹는 메뉴

문어라면 5000원, 삼겹살 7000원,
목살 7000원
영업시간 11:30~24:00
부산 동래구 온천천로 449(안락동)
051-531-8887

라고 누가 그랬나? 점심 때부터 예약 손님들로 자리가 다 차 버렸다. 우선 고기를 맛있게 먹고 나면 '문어라면'을 주문할 자격(?)이 생긴다. 아쉽게도 라면만 따로 팔지는 않는다. 고기를 먹은 뒤 식사를 시킬 때 문어라면을 주문해보자. 빨간 국물에 해물과 함께 얇게 썬 문어가 올려진다. 매운 비법 국물은 느끼할 수도 있는 입안을 깔끔하게 정리해줄 것이다.

오션스카이

해물라면 1만2100원(부가세 포함)
영업시간 12:00~02:30(라면 주문
은 21:30~02:30에만 가능)
부산 해운대구 해운대해변로 203
오션타워 20층(우동)
051-740-5005

20층의 레스토랑에서 해운대 밤바다를 내려다보면서 라면을 먹을 수 있다! 해운대 바닷가에 위치한 '오션스카이'에서 가능한 일이다. 낮에는 레스토랑으로 운영되고 오후 9시 30분부터 술을 판매하는데 그 시간부터 '해물라면'도 먹을 수 있다.

해물라면은 조개 육수를 기본으로 해산물을 듬뿍 넣어 끓인다. 시원한 국물 맛이 일품이다. 이기웅 셰프는 "싱싱한 해산물을 쓰려고 매일 장을 본다. 그래서 먹을 때마다 들어간 해산물이 다를 수도 있다"고 말한다. 함께 나온 백김치도 직접 담근다. 이쯤 되면 라면 요리라고 불러야 할 것 같다. 그래서일까. 이 메뉴는 벌써 5년째이고 단골들이 꾸준히 찾는다. 한 단골은 "술을 마시러 왔다가 라면으로 해장하고 술을 더 마시게 된다"고 투정이다. 라면만 먹어도 된다니 데이트 코스로 넣어도 좋을 듯하다.

도날드

영도의 30년 된 즉석 떡볶이집 '도날드'를 알고 있는지? 떡볶이를 좋아하는 사람이라면 익히 아는 집일 것이다. 김은자 대표가 운영하는 이 집에 한 번이라도 와본 손님은 떡볶이만 시키지 않는다. 떡볶이만 시키면 양이 적어 사리 추가는 필수이다. 사리로 나오는 라면은 반 개가 1인분이니, 양은 각자 생각

떡볶이 1인분 1500원, 라면 사리
600원, 계란 500원
영업시간 평일 11:30~20:30(일요
일 12:10~20:30, 목요일 휴무)
부산 영도구 남항새싹길 9(신선동)
051-413-9990

해보고 주문하면 된다. 자리에 앉으면 은박지로 씌워진 냄비에 떡과 수제비, 어묵, 채소, 고추장과 라면 사리가 함께 나온다. 가스불 위에 올려놓고 주걱으로 저어가며 끓여 먹으면 된다. 모든 것은 '셀프'이다. 국물이 졸아들면서 라볶이의 진짜 맛을 느낄 수 있다.

이 집에 간다고 한 지인에게 지나가듯 말했다. 조금 있다가 문자가 왔다. '제발 포장 좀 해서 가져다 달라'고 말이다. 한 번 먹어보면 이 집 팬이 되는 건 시간문제일지도 모른다.

수정죽집

미역라면 3000원, 땡초라면 3000
원, 호박죽 3500원, 녹두죽 3500
원, 찰밥 4000원
영업시간 평일 08:00~20:00(토요
일 08:00~18:00, 일요일 휴무)
부산 동구 진성로9번길 42(수정동)
051-464-1694

동네 시장에는 죽, 국수, 라면으로 간단한 식사를 할 수 있는 식당이 하나쯤은 있다. 수정시장에도 양영매 대표가 26년째 운영하는 '수정죽집'이 있다. 이름이 죽집이긴 하지만 죽 외에도 여러 가지 메뉴가 있으니 먹고 싶은 것을 고르면 된다.

그중 라면을 시키면 미역이 듬뿍 들어간 '미역라면'이 나온다. 미역을 많이 넣어주기 때문에 국물이 시원하다. 함께 나오는 김치도 직접 담근다. 오랜 시간 장사를 해서 단골도 많고, 죽이 주 메뉴라 몸이 아파서 죽을 먹으러 오는 손님도 많다. 그렇다 보니 양사장은 "오늘은 몸이 좀 어떠냐? 저번보다 나아졌느냐? 모자라면 더 먹어라"며 살뜰하게 챙겨준다. 손님에게 말 한마디라도 따뜻하게 건네고 기억해주니 배도 부르지만 마음도 따뜻해진다.

우럭쌀롱

우럭 통매운탕 1만5000원(라면 사리 제공), 2인 세트 회+통구이+통매운탕 3만5000원, 우럭 구이 2만원
영업시간 17:00~01:00(일요일 휴무)
부산 연제구 신촌로 42(거제동)
051-868-2745

낚시가 취미인 지인은 우럭 매운탕에 라면을 넣어서 먹어보면 그 맛이 기가 막힌다며 자랑하곤 했다. 그 맛을 보려면 꼭 낚시를 해야 하나? 시청 근처 '우럭쌀롱'에서 우럭 통매운탕을 시킨다면 가능한 이야기이다. 매운탕을 먹고 있으면 박태홍 대표가 라면 사리를 가져다 준다. 라면 사리는 무한리필이다. "라면 사리를 10개까지 먹는 손님도 있었다. 그래도 공짜이다. 그게 다 매운탕이 맛있어서 그런 것 아니겠느냐"고 말한다.

가게 간판에는 '저 오늘 우럭 못 썰면 집에 못 들어갑니다'라는 귀여운 협박(?)도 적혀 있다. '우럭, 쌀, 박 사장 국내산'이라고 적혀 있는 재미있는 메뉴판도 있다. 즐겁고 재미있게 일하는 그가 집에 빨리 갈 수 있도록 우럭을 팔아줘야 할 것 같다.

복을식당

전포 카페 거리 입구 '복을식당'에선 라면이 들어간 리조토를 맛볼 수 있다. 강민구 대표는 같은 자리에서 5년 동안 스파게티 체인점을 운영하다 메뉴를 바꾸어 다시 개업했다.

너구리 리조토는 겉으로 보기에는 평범한 리조토이다. 하지만 한 숟가락 떠보면 잘게 부서진 라면을 찾을 수 있다. "어떻게 해서 잘게 부서진 너구리 라면이 나오느

너구리 리조토 4900원, 나시고랭
6900원
영업시간 11:00~21:30
(주문마감 21:00)
부산 부산진구 동천로 72 2층(전포
동) 051-809-9220

냐"고 물었다. 그는 "너구리를 마구 때린다(?) 잘게 부서질 때
까지…"라고 말한다. 장인 정신으로 잘게 부서진 너구리 라면
에 비법 크림소스와 라면 수프로 적당한 비율을 맞춰 만든다.

한 손님은 "약간 매운 듯한데 맛있어서 멈출 수가 없다"고 말
한다. 먹다 보면 '너구리' 라면의 증거인 다시마도 찾을 수 있
다. 라면도 한 개가 다 들어가고 밥도 적지 않은 양이라 든든
하게 한 끼 먹기에 좋다.

미도복국

재료, 맛, 가격, 희소성을 고려했을 때 라면계
의 지존은 미도복국의 '참복라면'이 아닐까.
미도복국은 복어 풀코스 요리를 부산에서 제
일 많이 한다고 소문이 났다.

참복라면은 '꼬꼬면'이 한창 화제였을 때 탄
생했다. 일본 관광객들이 참복국에 '꼬꼬면'
을 넣고 끓여달라고 하도 부탁을 해서 만들어
본 것.

소성천 대표가 번거롭다고 해주지 않으려고
하는 것을 졸라서 겨우 맛을 봤다. 개인 테이
블 위에서 참복국 지리를 끓이다 라면 사리를
넣는 방식이다.

사실 질 좋은 복국은 그냥 먹는 게 가장 맛있
다. 라면 사리를 넣으니 기름으로 살짝 진해졌
지만 세상 어느 라면보다 맑은 국물 맛이 완성
되었다. 시원한 볼락 김치를 비롯해 빛나는 반
찬에 고개가 끄덕여진다.

참복국지리 3만3000원, 참복라면
3만3000~3만5000원
영업시간 09:30~21:30
부산 서구 까치고개로 257-1(토성동
1가) 한전 중부산지점 앞 051-243-
3389

밀가루도 잘 꿰면 보배

'세상은 넓고 먹을 것도 많다.'

일본 후쿠오카의 라멘집 '멘게키조(麵劇場)'는 이 명제를 확실히 입증해주었다. 상호에 '극장'이 붙은 것부터 심상찮았다. 계단식으로 높아지는 6개의 테이블이 모두 중앙의 주방을 집중해서 보게 되어 있었다. 이른바 주방은 무대요, 테이블에 앉은 손님은 관객인 소극장이었다. 조리 과정을 연극 공연처럼 지켜보고 있으니 흥미진진, 기다리는 시간이 지루하지 않았다. 물론 이렇게 운영하자면 재료도 좋고, 요리하는 사람도 어느 정도 쇼맨십이 있어야겠다. 여자친구를 데려가면 "이 남자 센스 있다"고 점수 좀 따지 않을까.

그런가 하면 '난 맘에 안 드는 인간들과 같이 먹기 싫어. 조용히 혼자서 먹을래'라고 생각하는 분들을 위해서 독서실 형태의 독특한 좌석 배치로 유명한 라멘집 체인인 '이치란'도 있었다. 일본에는 유난히 이런 분이 많은지 후쿠오카에는 건물 전체가 라멘집인 이치란 빌딩까지 있었다.

'밥그릇 싸움', 아니 '라멘그릇 싸움'이라고 해야 할까? 정글 같은 경쟁을 보고 싶다면 일본 각지의 유명 라멘집 10집을 한데 모아 놓고 손님이 입맛대로 들어가는 '라멘 스타디움'도 있다. 손님은 골라 먹는 재미가 있지만 고객 평가가 낮은 점포는 바로 퇴출당한다. 덕분에 매년 100만 명 이상이 찾는 명소로 자리 잡았다.

후쿠오카에는 겨우(?) 라멘 하나 가지고도 먹을 수 있는 장소가 이렇게 다채롭게 있다.

이에 비하면 '국수천국' 부산에서 맛볼 수 있는 면 음식의 종류는 얼마나 다양한가.

일단 부산을 대표하는 면 음식만 해도 밀면, 구포국수, 비빔당면, 회국수에 완당까지 있다. 경·남북으로 확대하면 진주냉면, 의령소바, 안동 건진·누름 국수, 포항 모리국수까지 늘어난다. 요즘엔 일본 라멘집도 많이 생기고, 베트남 현지인이 하는 베트남 쌀국수집도 늘고 있다.

그런데 밀면이나 구포국수 등 부산에서 이름난 면 음식점들은 대부분 영세하고 외진 곳에 있어 특히나 외국인 관광객 입장에서는 찾아가기가 쉽지 않다.

'구슬이 서 말이라도 꿰어야 보배'라고 했다. 이런 면 음식점을 모아서 '면식 체험관' 하나 만들면 어떨까. 좋은 생각이라고? 이미 인천은 짜장면의 발상지라는 사실에 착안해 몇 년 전부터 '아시아 누들 로드 타운'을 조성 중이다. 부산을 찾는 중국인 관광객의 가장 큰 불만이 먹거리라는데, 이런 생각은 왜 못 하는 것일까.

일상에서 음식이 차지하는 비중은 갈수록 높아지고 있다. 소셜네트워크서비스(SNS)에 음식사진이 얼마나 자주 올라오는지 모른다. 부산에 와서 맘껏 먹고, 맘껏 사진 찍도록 해주자.

김밥

김밥

김밥은 더는 특별한 날에만 먹는 음식이 아니게 되었다. 동네마다 김밥 체인점이 우후죽순으로 들어서며 손쉽게 사 먹을 수 있게 되었기 때문이다. 특별한 날이 일상이 되어 우린 더 행복해졌을까. 부산의 특별한 김밥집을 찾아 나선 것은 그 시절에 대한 그리움 때문인지도 모른다.

명문김밥

유부·땡초김밥 1800원, 원조김밥 1300원
영업시간 07:00~20:00
부산 서구 구덕로124번길 16-1(토성동) 서구청 뒤쪽 051-254-9295

"명문김밥은 당연히 들어가는 거지?" '김밥 특집'에 대한 주변의 한결같은 반응이 이랬다. 1987년부터 명문김밥은 일 년 365일 명절에도 쉬지 않고 한자리를 지켜오고 있다.

김밥말이 따위도 필요 없다. 문유자 대표는 손만 사용해서 넉넉하게 김밥을 싸며 "우리는 종목도 하나만 하고, 저렴하게 팔아서 지금까지 살아남은 것 같다"고 말한다. 쌀은 국산, 참기름도 직접 짜서 쓰고, 화학조미료는 일절 사용하지 않는다. 풍성하고 두툼한 김밥이 한 줄에 1300~1800원에 불과하다. 가게는 협소해 거의 포장하는 손님이다. 김밥에 우엉과 유부, 게맛살이 들어 고소하다. 땡초김밥은 톡 쏘는 매력이 넘친다. 문 대표가 자신의 성을 따서 '명문(明文)김밥'이라 지었단다. 단체 주문이 많은 곳이다.

송정집

송정생김밥 1인분(4줄) 2800원
물국수 4000원
영업시간 11:50~21:00
(브레이크 타임 15:00~17:00)
부산시 해운대구 송정광어골로
59(송정동) 051-704-0577

'송정집'은 혹시 '송정의 줄 서는 집'의 줄
임말이 아닐까. '생(生)김밥'은 '생각나는
김밥'의 준말이고…. 가끔 송정집의 생김밥
이 생각이 나지만 줄 설 생각을 하면 망설
여진다.

'자가제면 국수, 자가도정 밥'을 간판에 써
붙인 덕분인지도 모른다. 생맥주의 생처럼,
생김밥은 살아 있다는 느낌을 준다. 생김밥
은 매일 아침 도정기에서 내린 백미로 밥을
짓는다. 덕분에 밥이 맛있다. 김밥 안에는
매콤한 양념만 들었다. 그 양념이 궁금해서 슬쩍 물었다. 무
말랭이, 실 멸치, 조미육과 참기름이 들었다고 선뜻 가르쳐준
다. 역시나 좋은 쌀로 갓 지은 밥이 비결인 모양이다. 생김밥
은 매끈한 식감의 송정물국수와 먹을 때 더 맛이 있다.

장산김밥

꼬마김밥 1500원, 야채김밥 2500원
영업시간 07:00~20:00
부산 남구 동명로145번길 20(용호
동) 051-626-7447

요즘 김밥은 어린이가 먹기에는 너무 크다.
어린이용 김밥으로 고민이었다면 장산김
밥의 꼬마김밥을 먹어보면 되겠다. 김을 3
분의 2만 사용해 지름이 작다. 요즘 유행하
는 큰 김밥만 보다가 꼬마김밥을 보니 일단
앙증맞다. 밥이 적게 들어가고 소는 그대로
들어가 더 맛있다. 밥을 먹을 때 반찬을 많
이 올려서 먹는 것과 비슷하다.

주문에 따라서 크기 조절이 가능하다. 연정
윤 대표가 김밥집을 시작한 지는 4년 정도.
가게 주변에 유치원이 3곳이나 된다. 주요 고객인 유치원생을
생각해 만든 게 정식 메뉴가 되었다. 꼭 어린이만 먹는 것은
아니다. 양이 작은 성인에게도 인기다. 다른 곳에서는 아이에
게 먹일 거라고 설명하고 주문해야 하지만 여기서는 "꼬마김
밥 주세요"라고 말하면 된다.

동래얼쑤김밥

나물김밥 3000원, 닭가슴살김밥 3000원, 제육김밥 3000원, 냉우동 4000원, 또띠아 3000원
영업시간 08:30~20:30(일요일 휴무)
부산 동래구 명륜로94번길 32(수안동) 051-557-8080

지인이 새로 생긴 김밥집을 일주일간 계속 가보고 '동래얼쑤김밥'을 추천해주었다. 가는 날이 장날이라고 찾아간 날에 공교롭게 밥이 떨어져 김밥이 안 된다고 했다. 날은 저물었고, 배는 고프고 할 수 없이 김밥만 빼고 냉우동, 된장라면, 또띠아를 시켰다. 또띠아는 상큼했고, 냉우동의 면발은 쫄깃해서 아주 적절한 수준이었다. 음식을 잘하는 집이었다. 다음 날 점심에 다시 찾아가 나물김밥, 닭가슴살김밥, 제육김밥을 주문했다. 강원도 태백산 취나물을 넣어서 만든 나물김밥은 간도 맞고 부드러워서 좋았다. 닭가슴살김밥을 먹고는 왠지 근육이 생긴 것 같았다. 제육김밥에는 에너지가 가득했다. 재료를 매일 쓰고 소진하는 것을 원칙으로 한다. 김현화 대표가 예전에 김밥 체인점에 근무한 경험이 뚜렷한 소신을 만든 모양이다.

소다미김밥

소다미·불고기·치즈·야채·참치김밥 2500원, 모듬이김밥 3000원
영업시간 10:30~19:00(토 15:00까지, 일요일 휴무)
부산 금정구 금강로 271-4(장전동) 051-518-7518

부산대 출신이라면 20년 다 되어가는 '소다미 김밥'을 모르는 사람이 없다. 시험 기간에는 덩달아 바쁘고, 시험이 끝나면 일찍 마치는 곳이다.

소다미김밥과 치즈김밥을 주문했다. 둘 다 한때 유행했던 누드김밥이다(그 많던 누드김밥은 다 어딜 갔을까). 누드라 그럴까, 시원하고 깔끔해서 좋다. 고추냉이 간장도 함께 나왔다. 이건 무엇에 쓰는 물건일까? 김밥 소에 마요네즈가 들어 간혹 느끼하다고 여길 수도 있다. 이럴 때 고추냉이 간장에 찍으면 맛이 제대로 난다.

치즈김밥은 계란으로 김밥을 싸서 보드랍고 고소하다. 권영숙 대표는 "까만 김밥으로 야채, 참치, 불고기 김밥이 있다. 하지만 학생들은 누드김밥을 더 좋아한다"고 말했다.

재벌김밥

이 김밥을 먹으면 재벌이 되는 것일까. 아니면 김밥으로 재벌이 되겠다는 것일까. 재벌김밥이 해운대 두산동국아파트 상가 지하에서 시작해 점포를 늘려가는 걸 보며 후자 쪽이 아닐까 짐작했다. 장사가 너무 잘되자 체인점을 시작한 것으로 생각했던 사람도 많았다. 가족끼리만 운영하는 직영점이라고 한다.

장산역 앞 재벌김밥을 방문했더니 기본인 야채김밥을 '재벌김밥'이라고 불렀다. 다른 곳의 기본 김밥과 비교해보니 재벌김밥이 역시 크다. 가격 대비 소가 알찬 것으로 유명하다. 1998년부터 시작했다.

일찍 문을 열어 장산에 등산하러 가거나 놀러갈 때 사가기 좋다는 사람이 많다. 오랫동안 사랑받고 있는 데는 그만한 이유가 있다.

재벌김밥 2000원, 돈까스김밥 3300원, 소땡(소고기, 땡초)김밥 3300원
영업시간 05:00~23:00
부산 해운대구 세실로 48(좌동)
051-704-3082

분식공장

부산에도 마약김밥이 있었다. 마약(?)이 빨리 품절된다는 소문을 듣고는 점심시간이 되기 전에 중앙동 분식공장으로 서둘러 갔다. 즉석으로 만들기에 많은 양이 없어서 그렇단다.

마약김밥은 유부와 소시지 조림이 속으로 들어간 5개가 한 세트였다. 마요네즈도 함께 나왔다. 그냥 먹어도 속에 들어가 있는 재료 덕에 간이 맞다. 하지만 마요네즈에 찍어 먹으면 더 고소하게 먹을 수 있다. 개인의 취향을 고려해 찍어 먹도록 한 아이디어가 좋았다. 자꾸 먹고 싶은 생각이 드는 걸 보니 마약김밥이 맞는 것 같다.

김희정 대표는 2년 전에 분식공장을 열었다. 그전에는 국제여객선 승무원으로 근무해 사무장까지 지냈단다.

마약김밥 3000원, 중독쫄우동 5000원, 콩나물비빔밥 5000원, 제육비빔밥 6000원
영업시간 11:00~20:00(토, 일 휴무)
부산 중구 40계단길 4-3(중앙동)
051-461-0470

삼송초밥

삼송초밥에 가면 아주 특별한 김초밥인 '동경식 김밥' 맛을 볼 수 있다. 워낙 손이 많이 가서 이제는 일식집에서 찾아보기 힘든 김밥이다.

이 김초밥은 5가지 색이 조화를 이뤘다. 여러 겹의 계란 지단이 '황', 폭신한 식감이 좋다. 광어 살 가루에 식용 색소로 색을 입혀 '적'을 만들었다. 계절 따라 달라지는 채소는 '청', 박고지를 조려 '흑'이다. 물론 '백'은 가장 중요한 밥이다. 이렇게 정성이 많이 든 재료를 김으로 말아내면 오색 김초밥이 완성된다.

큼직한 김초밥을 입안에 넣자 폭신하고 달콤한 계란말이와 함께 여러 재료가 어우러져 녹아내린다. 계란말이 아이스크림이 있다면 이 맛일 것 같다. 삼송초밥은 1968년에 시작해 3대째 이어져 오고 있다.

김초밥 1만2000원, 초밥 정식 A 코스 3만5000원, B코스 2만5000원
영업시간 11:00~21:30(일요일 휴무)
부산 중구 광복로55번길 13(창선동)
051-245-6305

맛나김밥

문현동 맛나김밥은 올해로 38년째다. 어떤 특별한 맛이기에 이렇게 오랫동안 가게를 유지하는지 궁금했다.

야채김밥을 시키고 자리에 앉았다. 의외로 특별한 소가 들어가거나 꾸밈이 많은 김밥은 아니었다. 가게에서 먹고 가려면 500원을 더 내야 한다. 포장하는 손님과의 형평성 때문이다. 김밥 속에 든 계란은 두꺼워 보인다. 적당한 두께로 프라이팬에 동그랗게 부쳐 여러 개를 넣는 방식이었다.

'소땡김밥'은 소고기와 청양고추가 든 김밥이다. 야채김밥과 함께 인기 메뉴. 달착지근한 소고기에 매콤한 청양고추가 아주 그만이다. 일종의 셀프 시스템으로 운영되는 점도 특색이다. 김밥을 은박지에 싸 주면 스스로 비닐에 담고 잔돈을 챙겨 가야 한다. 오래전 동네마다 하나씩 있었던 김밥집을 보는 것 같다. 수수한 듯 질리지 않는 맛이 인기 비결이다.

야채김밥 1500원, 소땡김밥(소고기+땡초) 2500원
영업시간 06:00~19:00(일요일 휴무)
부산 남구 전포대로20번길 38(문현동) 051-635-4875

애기김밥

애기김밥 500원
영업시간 12:00~21:00
(일,월요일 휴무)
서면 롯데백화점 후문 주차장 옆

롯데백화점 옆 포장마차 중에 김밥과 라면이 기가 막히는 집이 있다고 했다. 처음엔 휴무 날 찾아가 공쳤고, 두 번째 찾아간 날 '애기김밥'이라고 크게 적힌 주황색 포장마차를 발견했다.

주문할 때는 애기 김밥의 소 재료만 고르면 된다. 진미, 스팸, 김치, 참치를 시키고 기다렸다. 작게 자른 김 위에 밥과 재료를 올려 금방 말아 낸다. 그 덕분에 김이 바싹해서 맛이 있다. 주변에서 일하는 젊은 여성 고객을 위해 작은 김밥을 다시 한 번 반으로 잘라 준다. 만드는 시간도 짧고 먹기도 간편하다. 후딱 먹고 가기에 좋다.

김밥과 곁들여 먹는 라면도 인기이다. '신·안(신라면·안성탕면)' 가운데 선택하고 원하는 레시피를 말하면 맞춰 끓여준다. 애기김밥과 함께 먹으니 훌륭한 짝꿍이 된다. 김은경 대표는 이 자리에서 15년째다.

하와이 김밥 전문점

하와이김밥 1500원, 치즈하와이 2000원
영업시간 07:00~19:30(토요일 07:00~14:00, 일요일, 공휴일 휴무)
부산 해운대구 해운대로 405-11(우동) 051-747-0025

'하와이 김밥 전문점'이라는 간판이 걸려 있다. 하와이라는 단어는 왠지 잘 먹고 잘 쉬어야 할 것 같은 기분이 든다. 예전에 일본 영화 〈하와이언 레시피〉를 보았던 영향도 있을 것이다. 편안한 휴양지의 느낌이 오래 남았던 영화였다.

김귀숙 대표는 우연한 기회에 맛보게 된 하와이의 독특한 주먹밥인 '무스비'를 7년째 만들고 있다.

하와이 김밥을 주문하면 네모난 틀에 밥을 넣어 모양을 잡는다. 그 위에 스팸과 계란을 올려 김으로 말아 낸다. 틀이 네모라 네모난 모양이 나온다. 먹기좋게 6등분으로 잘라 준다. 먹어 보니 하얀 밥 위에 스팸과 계란프라이를 올려 먹을 때의 맛이다. 가격 대비 양이 푸짐해서 아침저녁으로 먹으러 오는 학생이 많다.

팔미분식

김치말이 3500원, 시락국+김치말
이 4500원
영업시간 24시간
부산 부산진구 중앙대로691번길
55(부전동) 051-808-0919

서면에서 술을 한잔 하고 집에 가기 전 배가 고프다면 어디로 갈까? '팔미분식'이 떠오른다면 서면에서 술 좀 먹어본 것으로 인정하겠다. 팔미분식은 예전에 유명했던 나이트클럽과 멀지 않은 곳에 있다.

그래서 술을 마시거나 춤을 즐기고 들렀다가기 좋았다. 24시간 영업을 하니 언제 가도 좋은 집이었다.

술을 먹지 않아도 이 집의 볶음 김치가 든 김치말이는 한번씩 생각이 난다. 무심한 듯 김치만 넣고 만 김밥 위에 계란 프라이가 올려져 있다. 계란 프라이는 김밥과 함께 잘라 먹기 좋게 되어 있다. 약간의 매운맛이 있는 볶음 김치를 계란 프라이가 덜 맵도록 맛을 잡아준다. 가게를 시작하고 36년 동안 김치말이 메뉴가 있었다. 계란 프라이 이불(?)이 어느 날 추가된 것 말고는 예전 그대로이다.

금강만두

충무세트(충무김밥+만둣국) 7000원
영업시간 11:00~21:00
(1, 3주 월요일 휴무)
부산 동래구 아시아드대로161번길
12(사직동) 051-502-1459

사직동 맛집을 이야기할 때 빠지지 않는 집이 '금강만두'다. 그런데 만두뿐만 아니라 육개장, 충무김밥 세트도 인기가 많단다. 그랬다. 김밥계에는 당당히 충무김밥류가 있었다. 충무김밥 세트를 시키니 금강만두에서 빚은 만두가 든 만둣국이 함께 나온다. 만두가 맛있으니 만둣국은 당연히 맛이 있다. 여기서 김밥과 만두, 둘 중 누가 주인공인지 살짝 헷갈린다.

속이 없는 충무김밥은 함께 나온 반찬이 그 맛을 결정한다. 오징어무침과 어묵, 무김치는 기대했던 맛 그대로다. 반찬을 그날 바로 만드니 맛이 보장된다. 옆에서 구경하던 이 집 단골은 "충무김밥과 육개장을 같이 시키면 계란말이와 맛있는 다른 반찬을 더 먹을 수 있다"며 조언한다. 강창호 대표가 30년 넘게 운영하고 있다.

창녕식당

위원장님김밥 1줄 1000원, 회덮밥
5000원, 회국수 4000원
영업시간 06:30~22:00(1, 3주 일
요일 휴무)
부산 동구 고관로 106(수정동상가
아파트 1층) 051-465-8298

내가 아는 위원장은 그 위원장뿐인데 누구? '위원장님김밥'은 메뉴판에도 없어 아는 사람만 주문해서 먹을 수 있다. 부산일보 박 모 전(前) 논설위원이 어느 날 수정시장의 창녕식당에서 "김밥에 아무것도 넣지 말고 그냥 김과 밥으로만 싸 달라"고 이상한 주문을 해서 이 김밥이 탄생했다. 논설'위원'을 '위원장'으로 잘못 알아들어 '위원장님김밥'이 되었다. 보통은 회를 주문해 이 김밥과 함께 먹으면 된다. 김밥 위에 회와 고추냉이만 올리면 초밥이 된다. 참기름이 고소한 이 김밥만 먹어도 맛있다.

이 김밥의 창시자 박 위원장님은 "김밥 속에 아무것도 들어있지 않으니 먹을 때 사색을 할 수 있어서 좋다"고 심오한 이야기를 한다. 그냥 맛있게 먹으면 된다.

청도멸치김밥

멸치김밥 500원, 멸치주먹밥 500원
영업시간 10:00~19:00(일요일 휴무)
부산 수영구 수영로 544(광안동)
051-751-7479

'청도할매김밥'이라고 아시는지? 그 맛에 반하니 집에서도 자꾸 생각이 난다. 하지만 김밥 한 줄 먹으러 매번 청도까지 갈 수는 없는 노릇 아닌가. 그래서 직접 만들기로 했다. 1년 전에 청도멸치김밥을 연 신동자 대표의 이야기이다. 멸치김밥을 시키고 자리에 앉았다. 멸치김밥의 모양은 충무김밥과 제법 닮았다. 하지만 속에 무말랭이와 멸치를 매콤하게 양념해서 넣었다. 약간 맵기는 하지만 개운한 정도이고, 씹히는 느낌이 좋다. 멸치는 영양을 생각해서 넣었단다. 그리 크지 않아 손으로 집어서 베어 먹는 편이 더 맛있는 것 같다. 약간 맵다고 생각이 되면 멸치만 넣고 동그랗게 뭉친 멸치 주먹밥을 주문해보자. 가게는 아담하다. 사장님과 이런저런 이야기를 편하게 주고받을 수 있어 혼자 먹어도 심심하지 않다.

메 뉴 별 맛 집
맥주

맥주

맥주의 생명은 다양성이라고 생각한다. 이제 비로소 한국에도 크래프트 비어(수제 맥주) 춘추전국시대가 열리고 있다. 부산에서 다양한 크래프트 비어를 맛볼 수 있는 펍을 찾아갔다. 멋진 분위기에서 맥주를 마실 수 있는 장소는 보너스이다.

아키투탭하우스

달맞이, 오륙도, 자갈치, 고등어,
까멜리아, 세종(350~400ml)
6000~7500원, 샘플러 130ml
6잔 1만7000원
영업시간 17:00~24:00(토 15:00
개점, 일요일 휴무)
부산 중구 남포길 31 3층(남포동)
서울깍두기 맞은편
051-242-5049

기장의 크래프트 브루어리(수제 맥주 양조장) '아키투'가 남포동에 전용 펍을 열었다. 아키투 김판열 대표와 '맥만동(맥주 만들기 동호회)'과 맥주 공방에서 인연을 맺은 최근호 씨가 힘을 모았다. 아키투가 만드는 모든 맥주를 맛볼 수 있는 공간이다. 아키투는 부산을 대표하는 맥주를 꿈꾼다. 맥주 이름부터 지역성이 물씬해 외지 친구가 부산에 놀러 왔을 때 데려가기에 좋겠다. 고정된 레시피를 조금씩 바꾸어가는 중이다. 샘플러로 골고루 맛을 보았다. '오륙도'는 진한 에일 맛이 났고, 라거인 '자갈치'는 몰트의 풍미가 좋았다. 스타우트인 '고등어'는 커피 맛이 진했다. 개인적으로는 아메리칸 인디안 페일 에일인 '까멜리아(동백)'가 가장 입에 맞았다.

레비(LEVEE) 브루잉

애플리 퀼슈 6000원, 스타우트
7000원, 인디아 페일 에일 8000원
영업시간 16:30~01:00
부산 부산진구 중앙대로691번가길
24-15(부전동) 비즈호텔 1층
051-803-0003

부산 하우스맥주의 원조 격인 '도지마'가 크래프트 비어로 돌아왔다. 도지마의 업그레이드 버전인 '레비 브루잉'이 최근 서면에 문을 열었다. 레비는 수제 맥주 맛에 강한 자신감을 보인다. 안주는 안 시켜도 좋고, 다른 곳에서 사와도 좋다. 안주 살 돈으로 눈치보지 말고 맛있는 맥주를 맘껏 즐기란다. 수제 맥주 효모빵을 무료로 제공한다.

배우영 대표는 "제대로 맥주를 만들어 한국에도 맛있는 맥주가 있다는 사실을 널리 알리고 싶다"고 말한다. 경기도 파주, 수원에도 레비 맥주가 공급된다.

OFRITO(오프리토)

수제 맥주 410ml 4500~8500원
영업시간 17:00~01:00
(일요일 휴무)
부산 금정구 금강로 256-5(장전동)
010-3136-2732

부산대 앞의 크래프트 비어 펍으로 8가지 수제 맥주를 취급한다. 해운대 둥켈, 동백 아이피에이, 송정 필스너, 송도 페일 에일, 광안리 바이젠, 블랑 1664 등 6가지는 고정 출연이고 나머지 2개는 게스트탭으로 수시로 바뀐다. 샘플러를 시키면 200ml 잔으로 골고루 맛볼 수 있다.

에일을 처음 접한다면 송도 페일 에일, 페일 에일보다 더 쌉쌀함을 원한다면 동백 아이피에이, 체코 프라하 필스너 스타일을 원한다면 송정 필스너를 권한다. 전주성 대표가 부산 기장뿐만 아니라 울산, 충북 음성 등 전국 각지에서 생산된 수제 맥주를 받아서 특색 있게 이름을 붙였다. 프리토는 튀김이라는 뜻이다. 이전에는 튀김 전문맥줏집(Fried Dish Pub)이었단다. 역시나 서비스 안주로 나온 스파게티면 튀김이 별미다. 피자도 상당히 좋았다. 수박 맥주는 8월까지 한정 판매한다.

카페 가원

아르코브로이(400ml) 7000원,
기네스(580ml) 9000원
영업시간 11:30~24:00(여름철)
부산 남구 백운포로 14(용호동)
051-635-0707

아름다운 정원 가원(嘉苑). 남구 용호동 '오륙도 가원(嘉苑)'에 처음 데려가면 "부산에 이런 곳이 있었느냐!"라고 감탄한다. 아름다운 자연과 조화를 이룬 건물이 편안하다. '2011 부산다운 건축상' 금상을 받았다. 오륙도 앞바다가 내려다보이는 넓은 잔디밭에 그냥 서 있는 것만으로도 좋다. 여름밤 이곳에서 맛있는 맥주 한 잔 들고 있으면 꿈인 듯 현실인 듯 아련해진다.

오륙도 가원 레스토랑은 외진 곳에 있어 2차를 위해 이동하기가 불편하다는 단점을 장점으로 활용하기 시작했다. 레스토랑 아래채 '카페 가원'에서 특별한 생맥주 오로지 한 종류만 판매한다. 바로 기네스다. 새로운 흑맥주의 세계를 접할 때마다 잠시 호기심에 빠졌다. 하지만 결국에는 완성도 높은 맛을 지닌 기네스로 돌아오게 된다. 고도로 압축된 느낌의 기네스가 좋다. 같은 브랜드의 생맥주도 어떻게 관리하느냐에 따라 맛이 천양지차다. 누군지 몰라도 여기선 자기가 좋아해서 맥주를 취급하는 것 같다.

핑거 크래프트

소라치 핑거(sorachi finger)·모자이크 핑거(mosaic finger)·가드 핑거(god finger)·블랙 핑거(black finger)·데블 핑거(devil finger)·국화 핑거·시즌 핑거 6000원, 웨지감자 8000원, 수제 소시지·계절 과일 1만원
영업시간 18:00~01:30
부산 동래구 온천천로 7(명륜동)
010-2773-7195

온천천을 산책하다 보면 큼직한 글씨로 '수제 맥주'라고 적힌 간판이 보인다. 김성호 대표는 '카브루' 양조장에서 양조 경험을 쌓고 고향인 부산으로 내려와 '핑거 크래프트'를 시작했다. 자체 레시피로 맥주를 만들어 다른 곳에서는 맛볼 수 없는 맥주가 6가지나 있다.

인기가 있는 세 가지를 추천 받았다. '소라치 핑거(Session IPA 5%)'는 크림 맛이 나면서 부드럽다. '모자익 핑거(Pale Ale 4.5%)'는 입안을 감도는 감귤 향이 매혹적이다. 시즌마다 달라지는 시즌 핑거도 빼먹을 수는 없다. 우리가 찾은 여름철에는 '싱글 핑거'를 맛볼 수 있었다. 맥주를 만들 때 대개 몇 가지 홉을 섞는다. 싱글 핑거는 한 가지 홉만을 사용해 향이 풍부하고 깔끔한 맛이 나서 좋다.

어떤 맥주를 주문해도 기본 안주로 계절 과일을 푸짐하게 내준다. 실은 김 대표 본인이 가장 좋아하는 안주다. 그는 "맥주를 만드는 것은 힘이 많이 드는 일이다. 나는 마시는 것을 더 좋아한다"며 크게 웃는다. 또 "작은 맥주 공방을 열기 위해 준비 하는 중이다. 기대해도 좋다"며 유쾌하게 이야기한다.

까사 안도

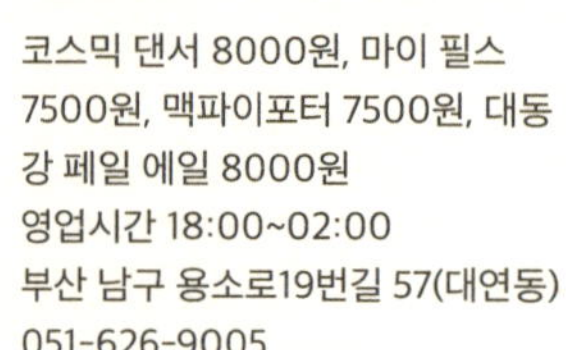

코스믹 댄서 8000원, 마이 필스
7500원, 맥파이포터 7500원, 대동
강 페일 에일 8000원
영업시간 18:00~02:00
부산 남구 용소로19번길 57(대연동)
051-626-9005

'까사 안도'는 집이라는 이탈리아어 'CASA'와 '안도(安堵)'의
합성어로 편안한 집이라는 뜻이다. 퇴근길에 까사 안도에 들
러 맥주 한 잔을 주문했다. 직원을 부르기 전까지는 편안하게
있으라고 홀에는 얼씬도 안 한다. 공간을 내 집처럼 오롯이
독차지할 수 있어 좋다. 아늑하고 편안한 공간에서 마시는 맥
주는 지친 마음을 풀어주었다.

까사 안도에서 맛볼 수 있는 수제 맥주는 마이 필스(My Pils),
벨라 IPA(Belgian Rye IPA), 대동강 페일 에일, 벨지안 위트
(Belgian Wheat) 4가지이다. 병맥주와 와인도 구비되어 있다.
마이 필스는 깔끔한 목 넘김 때문에 마시기에 부담이 없다.
대동강 페일 에일은 상큼한 향이 먼저 터져나온다. 쌉싸름한
맛이 다음 맥주를 재촉한다.

정원에는 사계절 다른 꽃이 피도록 가꾸었다. 이재현 대표는
"누구나 좋아하는 공간을 만들고 싶어 공사를 2년 가까이 진
행했다"고 한다. 갤러리나 고급 레스토랑 같은 느낌도 난다.

안주 종류가 많아서 식사처럼 즐기며 맥주를 마시기에 좋다.
염소 치즈 플람스 피자를 먼저 맛보기로 했다. 잘게 자른 무
화과와 염소 치즈, 맥주와 잘 어울린다. 더블 수제 함박스테이
크는 양도 푸짐하고 맛도 있다. 조용한 음악을 들으며 분위기
있게 맥주를 즐기고 싶다면 까사 안도로 찾아가 보자.

벤스 하버

국내 수제 맥주 7000~1만원, 수입 수제 맥주 1만~1만5000원, 토마토 홍합 스튜 1만원, 한치 샐러드 9500원
영업 시간 월~토요일 15:00~02:00, 일요일~자정
부산 금정구 장전로12번길 24(장전동) 051-513-2430

'벤스 하버'에 들어가면 먼저 커다란 칠판이 눈에 띈다. 1번 호가든 로제(Hoegaarden Rose)부터 18번 아이스타우트(Istout)까지 맥주 이름이 적혀 있다. 오늘 마실 수 있는 맥주가 18가지나 된다니 '맥덕(맥주 덕후)' 입장에선 신나지 않을 수 없다. 혹시 결정 장애가 있다면 직원과 의논하시라. 자신에게 맞는 맥주와 그에 어울리는 안주까지 상세하게 조언해준다. 허정욱 대표가 이 많은 맥주를 준비하는 이유가 있다. 손님들이 여러 가지를 맛보다가 마음에 드는 맥주를 찾았으면 좋겠다는 바람에서다.

설레임+, 몽스 카페(Monk's Cafe), 벨지안 위트(Belgian Wheat), 플러스 ESB(Fuller's ESB)를 맛보았다. 참고로 신맛이 강한 맥주는 나중에 먹는 것이 좋다. 벨지안 위트는 입안에 오렌지 향이 살짝 남아 기분이 좋아진다. 끝 맛도 부드러워 부담이 없다. 몽스 카페는 신맛이 강해 더운 여름 기분을 상큼하게 만들어준다.

벤스 하버는 운송부터 보관까지 모두 냉장에 신경을 썼다. 허 대표가 직접 제작한 대형 냉장창고를 보여주었다. 창고 안에 보관된 통에서 바로 호스를 탭으로 연결해두었다. 맥주를 맛있게 먹기 위한 노력이 가상하다.

메
뉴
별

맛
집

빵

빵

빵은 그날의 날씨, 만드는 이의 체온에 따라서 결과물이 달라진다. 그래서 정해진 레시피대로만 만들 수는 없다. 빵이 하는 이야기를 들어야만 맛있는 빵을 구울 수 있다. 대기업 프랜차이즈의 공세 속에서도 새벽부터 밤 늦게까지 불을 밝히고 맛있는 빵 만들기에 매진하는 동네 빵집을 소개한다.

꿈꾸는 요리사

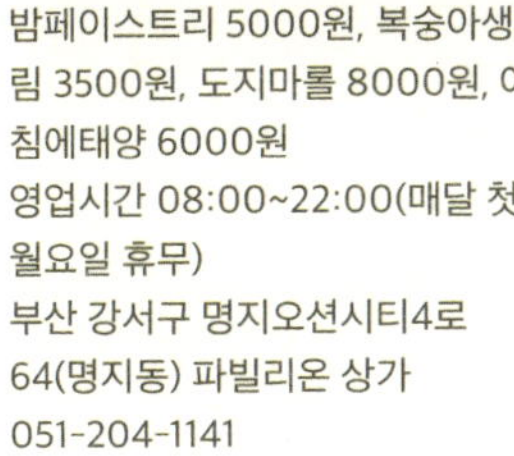

밤페이스트리 5000원, 복숭아생크림 3500원, 도지마롤 8000원, 아침에태양 6000원
영업시간 08:00~22:00(매달 첫 월요일 휴무)
부산 강서구 명지오션시티4로 64(명지동) 파빌리온 상가
051-204-1141

해운대에서 명지로 향했다. 대체 이 거리가 얼마나 될까. 장발장도 아닌데 빵 하나 구하러 이 수고를 해야 할까? 많은 사람이 여길 추천한 이유가 있을 거라고 믿기로 했다. 가게 외관을 보고 흐뭇해졌다. 거인 요리사 아저씨가 빵을 들고 미소를 짓고 있다. 동화 속으로 들어가는 기분이다. 창에는 '무더운 여름 시원한 물 한잔 드시고 가세요'라는 문구가 붙었다. 깔끔한 실내에는 세면대까지 마련되어 있다. 고객을 대하는 마음이 느껴진다. 아담한 크기의 빵집인데 빵의 종류도 많다. 시식이 자유로우니 더 마음에 든다.

복숭아생크림빵, 이 신선하고 새콤한 맛을 어떻게 표현해야 할까. 도지마롤은 인기가 많아 한정 판매할 정도다. 원래 별맛 없는 건강빵까지 맛있다. 맛있으니 저절로 미소가 나온다. 이러니 빵 사려고 멀리서도 온다.

백순헌 대표가 명지에서 '꿈꾸는 요리사'를 연 지는 7년이 되었다. 무슨 꿈을 꿀까? 고객, 셰프, 직원 등 빵과 관련된 모든 사람이 행복한 빵집을 꿈꾼단다. 백 대표의 명함에는 "약속드립니다. 대한민국 최고의 빵을 굽겠습니다"라고 적혀 있다.

근처에 '브레드타임'이라는 카페, 공장, 직원 기숙사 시설을 갖춘 좋은 환경의 세컨드 브랜드를 만들고 제2의 도약을 앞두고 있다.

빠리쟝 베이커리

순자 먹던 야채빵 2000원, 봉빵 1500원, 미역쿠키 6500원
영업시간 08:00~23:00
부산 동래구 충렬대로237번길 74(복천동) 동래구청 맞은편
051-555-5326

동래 복천동에는 대를 이어 빵을 만드는 '빠리쟝'이 있다. 젊은 시절 일본 동경제과로 유학을 다녀온 조명원 대표가 26년 전 지금의 자리에 가게를 열었다. 지금은 조 대표의 딸과 사위가 함께 빵을 만들며 대를 이어가고 있다.

사위인 김시환 제과 기능장은 어떻게 하면 맛있는 빵을 만들지가 가장 큰 고민이다. 김 기능장은 "지역에서 나는 재료를 사용해 부산에만 있는 빵을 만들고 싶다"고 이야기를 한다.

금정산성 자연 누룩을 이용해 발효한 '막걸리 봉빵', 기장 미역을 사용한 '미역 쿠키'가 그 결과물이다. 그는 부산 빵집이라면 부산에서 구할 수 있는 대저 토마토 같은 좋은 재료를 사용하는 게 당연하다고 생각한다. 재료만 봐도 부산 빵이라 불러도 좋을 빵이 가득하다. 고급스러운 카키색의 미역 쿠키에는 광안대교가 그려져 있다. 먹는 동안 눈도 즐겁고 입도 즐거우니 그 노력이 헛되지 않았다.

한 달에 8가지 정도나 새로운 빵을 개발해서 손님에게 선보인다. 26년 된 동네 빵집이니 구닥다리라고 생각한다면 오산이다.

오랜 단골로 보이는 할머니 두 분이 봉빵과 커피를 주문하고 빠리장 카페로 향한다. 사서 바로 먹을 수 있는 카페가 바로 옆에 있다. 꼬마들부터 어르신까지 동네 사랑방 역할도 한다.

코로로 식빵

우유식빵 3000원, 팥식빵 4000원, 크랜베리식빵 5000원, 블루베리식빵 5500원
영업시간 10:00~제품소진 시까지
부산 동래구 충렬대로140번길 17(온천동) 051-915-3337

"곡물 식빵 다 팔린 거 아니지요?" 시간을 보니 오후 2시였다. 다급하게 들어온 아저씨는 마지막으로 남아 있던 곡물식빵을 얼른 집어 들었다. 계산을 마치고 보물을 얻은 듯한 표정으로 나갔다. 코로로 식빵은 매일 오전 10시에 문을 열어 11시부터 식빵이 나온다. 그날 만든 빵이 다 팔리면 가게 문을 닫는다. 이러니 코로로 식빵과는 '썸'을 타는 수밖에 없다. 혹시나 빵을 사러 오는 시간이 조금 늦어지면 조바심이 나는 것이다.

유현주 대표가 가게를 시작한 건 2년쯤 되었다. 유 대표는 고등학교 1학년 때부터 빵이 좋아 빵 공부를 시작하고 빵집에서 5년 정도 일을 했다. 그는 "25살이 되면 무조건 사장이 되고 싶었어요"라고 해맑게 말한다. 혼자서 하니 여러 가지를 하기 힘들어 식빵만 8가지를 만들어 판다.

이 집 빵은 지난봄에 처음 맛을 보았다. '빵순이'라 불리는, 정말 빵을 좋아하는 지인이 빵셔틀을 해주었다. 말 그대로 이 집 빵이 맛있다고 사서 가져다주었다. 블루베리 잼이 적당히 들어 빵을 자르기만 하면 따로 잼을 바를 필요가 없었다. 여러 조각으로 잘라 사람들과 나눠 먹었다. 그랬더니 모두가 물었다. 이 식빵 어디서 산 거야? 이제야 말한다. 코로로 식빵이라고.

브레드웨이

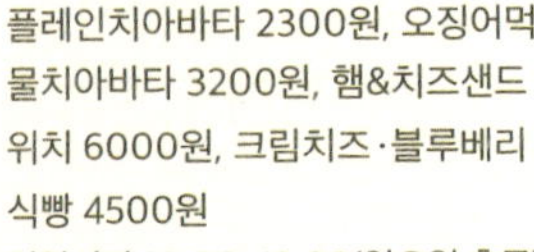

플레인치아바타 2300원, 오징어먹
물치아바타 3200원, 햄&치즈샌드
위치 6000원, 크림치즈·블루베리
식빵 4500원
영업시간 10:00~19:00(일요일 휴무)
부산 동구 수정동로 1-3(수정동)
070-7752-5485

"빵 있는교?"어르신이 문을 빠끔하게 열고 물어보다 반색을 하며 들어온다. 동네 빵집 '브레드웨이'는 동구 수정동 동구청 뒤쪽에 있다. 동구의 보물로 자리 잡은 지 2년이 좀 넘었다. 큰길도 있지만 겨우 한 사람이 지나갈 만한 좁은 골목을 지나 찾아오는 방법이 더 재밌다. 내부는 예쁜 벽돌집 구조로 1층은 카페, 2층에서는 홈베이킹클래스를 운영한다.

빵 종류가 많지는 않다. 소규모로 그날 판매하는 빵만을 만들기 때문에 그렇다. 단골들은 이 집 치아바타를 꼭 먹어봐야 한다고 꼽는다. 발사믹식초에 찍어 먹으니 맛있다는 감탄이 저절로 나온다.

브레드웨이의 빵은 자극적인 맛이 없어 간식으로 먹기보다 주식으로 먹기에 좋다. 샐러드, 햄, 치즈와 곁들이니 소풍이라도 나온 것 같다. 샤워도를 비롯해서 모든 빵에 발효종을 사용한다. 샤워도도 참 맛있는데 아직은 즐겨 찾는 분이 없어서 아쉽단다. 콩, 더블치즈 등 식빵 종류가 다양하다. 점심에는 샌드위치가 잘 나간다. 김경효 대표가 고등학교 때부터 살던 집을 개축해 만들었다.

김 대표는 "브레드웨이의 빵은 첨가물이 전혀 들어가지 않은 정직한 빵이다. 미리 주문하면 성심껏 만들어드린다"고 말한다. 소박하고 기본에 충실한 '빵의 길'이 맘에 든다.

빵다무르

크루아상 2500원, 골드 크루아상 3000원, 레몬 에클레르 5500원
영업시간 09:30~23:00(일요일, 공휴일 20:00)
부산 해운대구 해운대로781번길 16 신화하니엘타워(좌동) 해운대 자생한방병원 뒤편 051-744-0882

가게 문을 열고 들어온 외국인이 빵을 고르고 자리에 앉는다. 곧 프랑스어로 대화하는 소리가 들린다. 프랑스에 와 있는 듯한 착각이 들었다. 주황색 외벽이 상큼한 빵다무르는 '사랑으로 빚은 빵'이란 뜻이다.

"그때의 빵이 저를 이 자리로 이끌었네요"라며 빵다무르 이상우 대표가 이야기를 한다. 프랑스 유학 시절 먹었던 빵맛에 반해서 언젠가는 직접 빵을 만들어보겠다는 꿈을 가졌다. 그는 지금 그 꿈을 이루어가는 중이다.

그는 원래 교수였다. 학생을 가르치던 입장에서 어느 날 다시 학생이 되기로 결심했다. 교수직을 그만두고 늦은 나이에 프랑스로 빵 공부를 하기 위해 떠나기로 마음 먹었다. 주변에서 모두들 말렸다. 하지만 꼭 한번 해보고 싶던 일이었다. 조카 2명까지 같이 유학을 떠났다. 이야기를 듣고 보니 빵다무르엔 프랑스 유학파가 3명이나 있는 셈이다. 그는 공부하고 온다고 맛있는 빵을 만들 수 없다는 것을 누구보다 잘 알고 있다. 하지만 프랑스에서 먹었던 그 빵 맛에 가까워지고 싶어서 재료도 모두 프랑스에서 수입한다. 노력을 하는 거다.

진한 커피 한 잔과 함께 크루아상을 맛보았다. 진한 버터 향과 함께 입안에서 사르르 녹아내렸다.

프럼 준

모찌모찌 2800원, 해운대 하이빵
1만원, 찹쌀주먹카스테라 1000원,
커피 3000~5000원
영업시간 08:00~24:00
부산 해운대구 중동1로 35(중동) 해
운대시장 입구(해운대구청 쪽)
051-741-6868

해운대시장 입구와 마주한 동네 빵집 '프럼 준'. 한여름 해운대해수욕장 근처라 그런지 늦게까지 손님이 끊이지 않는다.

프럼 준은 새로운 빵을 선보이려고 노력하는 모습이 보기 좋았다. '해운대치즈케이크'라는 지역색이 물씬한 제품이 기억에 남았다. 지금은 해운대를 대표하는 '해운대빵'을 만들고 있다. 해운대구청이 주최하는 지역빵 공모전에 출품해 1등을 했다. 해운대빵은 전병과 케이크를 혼합해 고소한 질감에다 부드러운 콩피 크림을 더했다. 노란 봉투에 넣은 해운대빵을 담은 상자에는 해운대 풍경을 담았다. 여전히 인기 많은 '모찌모찌'는 쫀득쫀득한 질감에 먹는 재미가 났다.

명지 대파와 장안 흑미 같은 지역 식재료를 사용하려는 노력이 돋보인다. 도넛 안에 햄과 매콤달콤한 소스를 뿌리고 양상추와 대파를 넣어 명지대파도넛을 완성했다. 장안 흑미는 크림치즈를 만나 흑미크림치즈빵이 되었다. 길현준 대표는 부산의 유명 제과점을 두루 거친 뒤 프랑스, 독일, 일본에 가서 빵을 배웠다. 부산을 정말 사랑하는 빵집 같다. 아주 단단한 건강빵처럼 생긴 길 대표의 부산 사랑이 고맙다.

메트르 아티정

바게트 1300~3500원, 호두 크루아상 3500원, 초코 에끌레어 4000원
영업시간 09:00~21:00(일요일 20:00, 월요일 휴무)
부산 수영구 남천동로22번길 21(남천동) 070-8829-0513

프랑스에 여행 갔을 때 유명한 빵집을 찾아다니지는 않았다. 그냥 지나가다가 보이는 아무 빵집에 들어가서 빵을 사도 다 맛있었다. 프랑스 빵은 뭐가 좀 달랐다. 진짜 프랑스 빵이 먹고 싶다면 '메트르 아티정'을 찾아가보자. 장인이라는 뜻으로, 2014년 6월에 문을 연 가게이다.

제빵사인 프랑스인 기요 다미앙 씨와 한국인 김은숙 파티시에 부부가 운영하는 곳이다. 기요 씨는 고등학교 때부터 빵 만드는 일을 시작해 20년이 넘었다. 김 대표는 부산에서 대학을 졸업하고 프랑스로 유학을 떠났다. 프랑스 국립제과제빵학교를 마친 뒤 취직한 빵집에서 사장이던 남편과 만나 결혼을 하고 한국으로 들어오게 되었다. 한국에 가자는 것은 남편 기요 씨의 제안이었다.

프랑스인이 아침으로 즐겨 먹는다는 크루아상을 주문했다. 제일 작은 것이 1300원이다. 먹기 좋게 잘라 준다. 겉은 바싹하고, 속은 쫄깃하고, 맛은 고소하다. 약간의 짭조름한 맛까지 느껴져 간이 딱 맞다. 오래 두고 먹을 수 있는 빵은 아니다. 비닐봉지에 넣어두면 질겨져서 맛이 없다. 크루아상은 한입 베어 물 때마다 사각사각 소리를 내며 부서진다. 버터 향이 솔솔 나서 좋다. 프랑스 남자가 만드는 진짜 프랑스 빵이다.

르느와르

육일빵 3500원, 통호밀빵 2500원,
엘리게이터 6000원, 팥빙수 5000원
영업시간 08:00~24:00
부산 해운대구 해운대로 428(우동,
동부올림픽상가) 121호
051-731-0302

"육일빵 2개만 잘라주세요." 한 손님이 문을 열고 들어와 익숙하게 주문을 하고는 다른 빵을 고른다. 왠지 다들 알고 지내는 이웃사촌 같다. 우동 동부올림픽상가의 '르느와르 베이커리'. 꽤 유명한 데 비해 규모가 작아서 제대로 찾아왔는지 의아한 동네 빵집이다.

르느와르의 얼굴이라고 할 대표 빵이 '육일빵'이다. 과일 추출물에서 나온 천연 발효종으로 반죽해 5일간의 발효과정을 거쳐 6일째 되는 날 오븐에서 따뜻한 빵으로 구워낸다. '기다림의 미학'이 깃든 육일빵은 건강빵 느낌이 나는 식사용 빵이다. 건포도와 견과류가 실하게 들었고, 힘을 좀 줘야 뜯길 정도로 쫄깃하다. 모든 빵에는 6일간 발효시킨 천연 발효종이 들어 소화가 잘되고 속이 더부룩한 현상이 없다. 그 덕분에 나이 드신 단골이 꽤 많다. 그래서 계피만주를 비롯한 옛날식 빵도 볼 수 있나 보다. 쌀로 만든 빵도 꽤 있다. 이날 올리브 치아바타는 이미 다 나갔다. 정순원 대표는 "육일빵이 자리 잡는데 꽤 시간이 오래 걸렸다. 재료비 생각하면 비싼 빵은 아니다. 하지만 안 드신 분들은 그만한 가치가 있는지 알 수가 없다"고 자부심을 보인다. 르느와르가 여기에 자리 잡은 지 17년째이다. 해운대에서 이름이 좀 알려진 빵집 중에서는 가장 가격이 착하다.

오뜨(HAUTE)

100% 호밀빵 5000원, 50% 호밀
빵 3500원, 유기농통밀빵 4500
원, 크림치즈쌀빵 2000원
영업시간 07:30~24:00
부산 남구 유엔평화로13번길
66(대연동) 대연1동 놀이터 앞
051-627-0896

남구 대연동의 구석진 골목에서 작은 빵집이 나타났다. '오
뜨(HAUTE)'를 찾은 건 실력이 아니라 순전히 내비게이션
의 도움 덕분이었다. 외관에서 작지만 충실한 느낌이 팍팍
풍긴다. 실내에 들어가니 예쁘기까지 하다. 오뜨의 자랑거
리가 몇 가지 있다. 대표적인 것이 직접 개발한 막걸리 발효
종으로 건강한 빵을 만들고자 노력한다는 점이다. 게다가
신안에서 생산된 천일염을 3년간 간수를 뺀 뒤 쓴다. 누군
지 꽤 인내심의 소유자인 모양이다. 그래서 가게 안팎에 '느
리게, 느리게!'를 써 붙여놓았다. 시식용 빵이 큼직한 데다
종류까지 많아서 좋다. 건강빵의 대표 주자 호밀빵도 100%
와 50%로 구분해두었다. 100%가 더 딱딱한데 먹을수록 맛
있다. 몸이 안 좋은 분들은 일부러 찾아온단다. 시간이 지나
면 더 딱딱해진다. 누룽지처럼 끓여 먹어도 괜찮다니, 새로
운 레시피를 배웠다. 백발의 임양섭 대표, 내공이 느껴진다.
임 대표의 어머니는 경기도에서 제과점을 3개나 운영했고,
그는 일찍부터 빵 만드는 일을 돕기 시작했다. 대연동에 자
리 잡은 지는 11년째이다. 언제 연락해도 그는 가게에 있었
다. 그는 "빵을 만들고 싶어서 하는 가게이다. 그만두지 않
는 한 직접 만들겠다"고 말한다. 천천히 가되, 이상은 높은
(HAUTE) 오뜨이다.

파파빵

팥빵·파파빵 1800원, 봉봉·앙앙
2500원
영업시간 10:00~23:00
부산 남구 분포로 113(용호동) 엘지
메트로시티 1005 1층
051-612-7857

"팥빵 한 상자 주세요". 첫 빵이 나오는 시간을 정확하게 맞춰서 손님이 왔다. 손님들은 빵 나오는 시간을 귀신같이 알고 찾아와 빵을 사 갔다. 용호동에서 이미 팥빵으로 유명한 '파파빵' 이야기다.

엘지메트로시티 아파트 버스 정류장과 가까운 곳이다. 큰 가게 사이에서 노란 간판에 '파파빵'이라고 적힌 아담한 가게가 보인다. 오종세 대표가 4년 전에 시작했다. 아빠가 만드는 빵? 그건 아니다. 예전에 운영하던 브런치 카페의 이름을 따온 거라는 설명이었다.

그가 운영했던 브런치 카페에서는 메뉴로 커피와 팥빵을 세트로 내어놓았다. 그는 세트로 팔고 싶었지만 손님은 팥빵만 사고 싶어 했다. 주문을 거절할 수 없어서 예약제로 운영했다. 그러다가 빵 주문이 너무 많아져서 팥빵만 구워 파는 파파빵을 시작하게 되었단다.

오븐에서 막 나온 팥빵을 하나 맛보았다. 식빵처럼 결이 살아 있다. 그리고 쫀득하다. 속에는 많이 달지 않은 팥소가 들어있다. 그 안에는 직접 구운 밤과 견과류가 들어 씹는 맛까지 좋다.

팥을 사용하는 '팥빵', 흰 앙금을 사용하는 '파파빵', 우유 버터와 팥이 들어 있는 '앙앙', 견과류와 크림치즈가 든 '봉봉'까지 계속 새로운 제품도 개발 중이다.

스테이 히얼 투데이

우피파이 1500원, 바나나 푸딩
5000원, 하와이안 레시피 5500원,
티라미수 6500원
영업시간 10:30~22:00
부산 금정구 장전로20번길 27(장전
동) 051-581-2882

스테이 히얼 투데이(STAY HERE TODAY)는 해석하면 '오늘 여기에 머물러주세요'란 뜻이다. 당신이 머무는 곳이 보석 같은 장소가 되었으면… 그리고 그곳이 '스테이 히얼 투데이'면 좋겠다는 생각에서 지은 이름이다.

박성희 · 남동우 공동 대표는 일 년 전 구서동에서 같은 이름의 가게를 시작했다. 박 대표는 파티시에르, 남 대표는 쇼콜라티에다. 젊은 남녀 둘이서 운영하니 달콤한 것들은 여기에 다 있다. 그러다 부산대 앞으로 가게를 옮겼다. 박 대표는 작은 것 하나에도 의미를 담는다. 모두에게 행운의 장소가 되었으면 하는 바람에 7월 7일에 가게를 옮겼다.

무조건 다 맛있다는 이야기만 듣고 구서동 가게를 방문한 적이 있었다. 진열장에 놓인 알록달록한 과자가 눈에 띄었다. 모양만 보고 "마카롱 주세요"라고 이야기했다. "마카롱이 아닌데요"라는 답이 돌아왔다. 그건 여기서 가장 인기 있는 '우피파이'였다. 우피파이는 초코파이의 원조라고 적혀 있다. 케이크를 만들고 남은 반죽으로 파이를 만들고, 그 사이에 크림을 넣었다. 그렇게 처음 만난 우피파이는 모양은 마카롱과 비슷하지만, 단맛은 훨씬 덜하고 부드럽고 촉촉했다. 바닐라, 녹차 여러 가지 색과 맛을 더해 고르는 재미가 있다.

옥미당

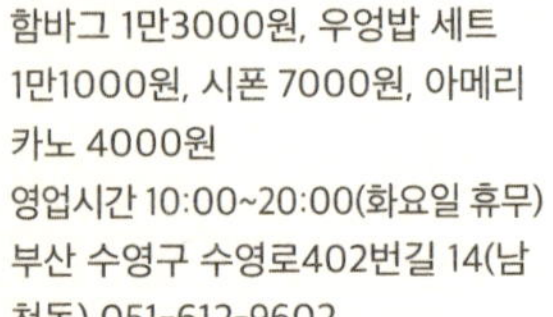

함바그 1만3000원, 우엉밥 세트 1만1000원, 시폰 7000원, 아메리카노 4000원
영업시간 10:00~20:00(화요일 휴무)
부산 수영구 수영로402번길 14(남천동) 051-612-9602

뾰족한 삼각형 지붕이 빼꼼히 고개를 내밀었다. 제빵실의 유리 너머로 반죽하고 모양을 만들어 열심히 빵을 굽는 모습이 보인다. 황선옥 대표가 운영하는 '옥미당'의 아침 모습이다.

빵은 나오는 대로 진열대에 자리를 잡는다. 식빵, 치아바타, 베이글 등 식사 대용으로 먹기 좋은 빵이 많다. 시식용 빵을 아낌없이 잘라놓아 직접 맛을 보고 입맛에 맞는 거로 고르면 된다.

옥미당의 시그니처 메뉴인 바질 시폰과 커피를 주문했다. 시폰 위에는 올리브유가 담긴 스포이트가 꽂혀 있다. 빵을 먹을 때 올리브 오일을 뿌려서 먹도록 아이디어를 냈다. 입안은 금세 올리브와 바질 향으로 가득해진다.

간단한 식사도 가능하다. 직접 만드는 우엉밥과 함바그, 가든 샐러드가 있다. 우엉밥은 네모난 도시락에 아기자기하게 담겨 나온다. 밥 안에는 버섯, 우엉, 연근 등 여러 가지 재료가 들었다. 고소해서 입을 당기는 건강한 맛이다. 토마토, 셀러리, 베이컨이 어울린 토마토 수프도 새콤한 맛이나 소박한 우엉밥과 잘 어울린다. 황 대표는 27년째 빵을 만들고 있다. 그 세월 동안 빵만 만드는 이유는 "빵이 너무 좋아서"다. 마음을 담아 건네는 선물 같은 빵을 만날 수 있는 곳, 옥미당이다.

카페

듀스포레

렌틸마토 파니니 8500원, 얼그레이
쉬폰 5000원, 홍차 5000원, 밀크
티 수제 잼 8000원
영업시간 10:30~22:30
부산 해운대구 좌동순환로433번길
11(중동) 051-746-5887

느지막한 오후에 '듀스포레'를 찾았다. 달맞이언덕, 올라가는
방향에서 두 블록 옆으로 비켜나 있다. 들어가 보고 싶도록
예쁘게 생겼다.

2층으로 올라가니 모든 창문이 열려 있다. 선선한 바람이 좋
은 날이라 그랬단다. 창가 한쪽에서 삼삼오오 모여 앉아 차를
마시며 뜨개질하는 분들이 보인다. 테라스에는 로즈메리, 라
벤더, 재스민과 동백나무, 치자나무를 심어놓았다. 김도연 대
표는 사계절 꽃이 피고 향기로운 장소가 되었으면 하는 마음
이라고 했다.

테라스 자리는 바람에 날리는 허브 향을 즐기려는 사람들이
앉아 있다. 렌틸마토 파니니, 케이크와 홍차를 시켰다. 오후 3
시쯤이었는데 케이크는 거의 다 팔린 상태였다.

실내는 김 대표의 이미지와 비슷해서 조용하면서도 깔끔하
다. 케이크 디자인이 특이하고 맛도 있다. 그는 직장에 다니면
서 취미로 케이크와 빵 만들기를 배웠다. 만드는 것이 좋았고
지인들이 맛있다고 하는 말에 신이 났다. 카페를 하게 될지는
몰랐다.

주문한 렌틸마토 파니니를 만들기 위해 그가 베란다로 나가
서 허브를 직접 따 온다. 파니니는 허브까지 들어 향긋하고
고소한 맛이 일품이다. 아침 일찍부터 나와서 그날 필요한 케
이크와 빵을 굽는다. 뭐든지 직접 하니 주변에서는 "사서 고
생을 한다"며 안타까워한다. 당사자는 "재미가 있는데 어쩌겠
느냐"며 즐거운 표정이다.

브라운 핸즈 백제

에스프레소 4500원, 아메리카노 4800원, 카페라떼 5300원, 카푸치노 5300원
영업시간 10:00~22:30
부산 동구 중앙대로209번길 16(초량동) 051-464-0332

부산역 길 건너편 골목에는 4층짜리 빨간색 벽돌 건물이 보인다. 부산 최초의 근대식 병원인 백제병원이다. '등록문화재 제647호'로 지정된 곳이다.

병원이 문을 닫은 후 중국음식점, 일본군 장군 숙소, 예식장 등으로 사용되었다. 7년간 비워두었던 이곳에 최근 '브라운 핸즈 백제'가 문을 열었다. 브라운 핸즈는 공간 디자인 제품을 보여주기 위한 쇼룸에 카페라는 형식을 적용했다.

100년의 세월이 담긴 공간에 앉아 커피를 마시니 묘하게 설렌다. 창문을 통해 햇살이 적당히 들어오니 포근한 느낌이 든다. 김기석 실장은 "인테리어를 하면서 특별한 작업을 하지 않았다. 무분별한 설치물을 정돈해 원래 건물의 모습이 드러나게 했다"고 이야기한다.

커피를 주문하는 카운터도 건물 내부에서 나온 황토를 버리지 않고 모아 마감재로 사용했다. 오래되어 파손된 창틀은 원형을 본떠 동을 사용해 제작했다. 커피는 '배드블러드'와 '다크리브레' 두 가지 원두 중 고를 수 있다. 배드블러드는 신맛, 다크리브레는 고소한 맛이 난다.

커피를 한 잔 주문하면 쿠폰에 도장을 하나씩 찍을 수 있다. 1부터 10까지의 숫자가 적힌 도장을 순서대로 찍으면 그림이 완성된다. 작은 소품에도 아이디어와 감성을 담아냈다. 카페 내부에는 신진 작가의 작품이 전시된다.

뻥스크림

2가지 맛 4500원, 3가지 맛 5000원
영업시간 11:00~22:00
부산 중구 광복로39번길 6(창선동1
가) 와이즈파크몰 외부 1층

"사랑한다"는 말과 함께 달콤한 장미꽃 한 송이를 건네보면 어떨까요?

중구 창선동에 위치한 '뻥스크림'에는 추운 겨울에도 아이스크림을 사기 위해 줄이 길게 늘어서 있다. 추워서 더 예쁘게 피어나는 장미 아이스크림 때문이다. 기다리는 동안 설레는 마음으로 꽃 색상을 고민했다. 사실 맛에 따라 색상이 달라지기 때문에 무슨 맛을 먹을지만 정하면 된다.

유럽여행을 가서 보면 젤라토 아이스크림 집은 많다. 하지만 대충 장미 모양으로만 담아줘서 그다지 예쁘지는 않다. 뻥스크림에서 받아 든 장미꽃은 아이스크림을 최대한 얇게 펴서 꽃잎을 한 장 한 장 붙이듯이 만들어 꽃이 정교하다. 세계 최초는 아니지만, 부산 최초의 예쁜 장미 아이스크림이 분명하다.

최은영·최봉화 씨 부부는 뻥튀기 지팡이 안에 아이스크림을 넣어서 팔았다. 좀 색다른 방법을 찾다 장미 아이스크림을 시작하게 되었다. 3일째 되던 날 두 개를 사려는데 돈이 모자라 난처해하는 손님에게 아이스크림 하나를 선물한 일이 있었다. 그 손님이 "고마워서 제 페북에 홍보해드릴게요"라는 말을 남기고 돌아갔다. 정말 그 글이 올라갔고, 그 이후로 입소문이 퍼져서 이렇게 많은 사람이 찾아온단다.

뻥스크림은 현재 SNS에서 유명한 집이 되었다. 장미 아이스크림을 받으면 바로 먹지 못하고 카메라를 먼저 꺼내게 된다. 찰칵! 눈이 먼저 즐겁다.

카페 달리

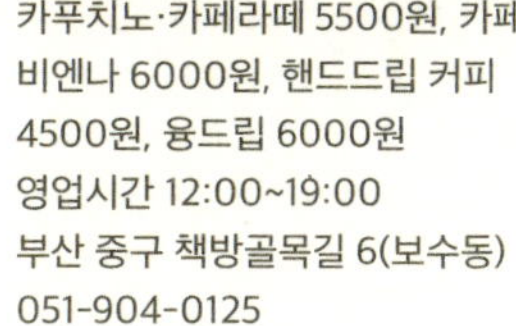

카푸치노·카페라떼 5500원, 카페
비엔나 6000원, 핸드드립 커피
4500원, 융드립 6000원
영업시간 12:00~19:00
부산 중구 책방골목길 6(보수동)
051-904-0125

책방골목을 지나다 커피가 생각나서 우연히 들어간 것이 처음 인연이 되었다. 차분한 색상으로 칠해진 벽과 낮게 울리는 재즈 음악에 편안한 마음이 들었다.

'카페 달리'는 김상엽 대표가 모든 커피를 직접 내린다. 커피의 특성에 따른 맛과 향을 잘 살리기 위해서 그렇게 한다. 김 대표는 "커피 맛은 커피를 내리는 이의 마음과 공간의 느낌이 보태어져 결정된다"고 말한다.

이곳에는 한 달에 한 번씩 새로운 작가의 그림이 걸린다. 그림을 걸기 위해 못을 박고, 다음 전시가 있을 때면 구멍을 메우고 다시 칠하는 정성을 들인다. 이런 일이 번거롭지 않을까. 덕분에 늘 좋은 작품 속에 있을 수 있으니 행복하다고 답한다.

카페 이름인 '카페 달리'도 화가 살바도르 달리를 좋아해서 지은 이름이다. 그림을 전시하는 카페라 잘 어울린다.

커피를 내리기 시작하자 고소한 커피 향이 가게 안을 채운다. 예쁜 잔에 나온 오늘의 커피 원두는 '케냐'라고 알려준다. 친구가 주문한 카페 비엔나는 커피 위에 높게 쌓아 올린 부드러운 크림이 구름처럼 가볍게 보인다.

카페를 운영한 3년 동안 25번의 전시를 기획했다. 이곳에서 사진, 주얼리, 드로잉, 서양화, 설치 비디오 아트 등 많은 전시가 열렸다. 혹시 김 대표도 그림을 그리는지 물었다. 그는 "매번 다른 마음을 담아 커피를 그려낸다"고 말했다.

카페 데니스

에스프레소 3500원, 아메리카노 4000원, 루이보스 온천장 5000원, 전포 율무 5000원
영업시간 12:00~21:00(월요일 휴무)
부산 부산진구 전포대로306번길 36 1층(전포동) 송상현광장 뒤쪽
070-4797-2250

"궁금한 사람만 오라는 건가?"

'카페 데니스(CAFE DENNIS)'는 말로 참 설명하기 어려운 곳에 자리를 잡았다. 'DENNIS'는 오정훈 대표의 영어 이름. 카운터 위에는 공구상에서나 볼 수 있는 쇠사슬과 커다란 철제 고리가 걸려 있다.

오 대표는 공장 유니폼 같은 점퍼를 입고 주문을 받는다. 아메리카노와 홍차 '루이보스 온천장'(온천처럼 따뜻한 느낌을 담은 홍차)을 주문했다. 그리고 남의 집 철 대문으로 만든 테이블 자리에 앉았다. 대문 손잡이인 사자 머리까지 달렸다. 이걸 가져와 테이블로 할 생각을 어떻게 했을까. 그 자리에 앉으면 동그랗게 구멍 뚫린 벽 사이로 건너편 테이블이 보인다. 여기가 SNS용 포토존이다.

경찰서 출입이 잦았던(?) 지인은 구석에 놓인 소파가 낯이 익다고 했다. 90년대 초 파출소에서 많이 보던 소파라는 것이다. 문의해본 결과 파출소에서 얻어 온 것이 맞았다. 여기선 오래된 철 대문이나 버려진 소파도 각자의 몫을 한다.

목소리가 조금 높아지니 "조용히 해달라"고 데니스가 이야기한다. 모두가 이 공간을 느끼고 가면 좋겠다는 바람에서 하는 일이다. 조용해진 카페 안에는 음악 소리와 커피 향만 가득하다.

바모노스

리코타 치즈 샐러드 1만원, 모차렐라 치즈 채소 오믈릿 1만2000원, 크림 버섯 호밀빵 1만2000원,
브런치 세트는 3시까지만 주문 가능
영업시간 11:00~21:00(화요일 휴무)
부산 중구 광복로49번길 23(신창동 1가) 2층 070-4245-7277

마치 엄마가 해주는 것 같은 브런치를 먹을 수 있는 집이 남포동에 생겼다. 김지민 대표의 어머니가 사랑하는 딸에게 채소를 많이 먹이고 싶은 마음을 메뉴에 담았다. 건강을 먼저 생각해 정성이 가득 들었다.

리코타 치즈 샐러드의 치즈도 직접 만들어 고소하고 담백하다. 가끔 손님 중에는 이게 두부가 아닌지 물어본다. 한번 먹어보고 나면 담백한 그 맛에 반하게 된다.

크림 버섯 호밀빵의 크림소스도 느끼하지 않고 맛있다. 우유, 생크림, 치즈의 비율을 잘 맞춰 만든 특제 소스가 들었다.

찾아간 날 카페 한쪽에서는 커피 수업이 진행되고 있었다. 김 대표는 20대부터 커피 관련 일을 시작해 커피 경력만 13년째다. 브런치를 시키고 한참 이야기를 하던 중이었다. 또 한 잔의 커피를 건넨다. 손님이 오래 앉아 있으면 되레 마음 편안히 있으라고 한 잔 더 내어주는 것이다. 덤으로 주는 커피도 맛있다. 직접 로스팅하거나 전문점에서 소량으로 산 원두를 쓴다.

마칠 시간 즈음 가게에 다시 갔더니 포크부터 컵까지 다 삶고 있다. 맛보다 위생이 먼저이기 때문이다. 보이는 곳을 먼저 치장하기보다 기본부터 충실한 곳이다. 커피와 음식의 맛을 위해 좋은 그릇을 쓰려고도 노력한다.

메뉴별 맛집 **카페**

커피 미미

아메리카노 3500원, 드립커피
5000원, 뱅쇼 6000원, 초코치즈
롤 5500원
영업시간 10:00~21:00(일요일 휴무)
부산 영도구 남항로 26-10(남항동)
070-8908-9002

커피하면 연상되는 색은 블랙이다. 커피와 블랙이란 단어가
어울리면 특유의 분위기가 생겨난다. 이런 커피의 느낌을 잘
담아내는 공간이 '커피 미미'다.

오래전에 이곳을 처음 찾았다. 영도에서 볼일을 보고 돌아가
려던 길이었다. 갑자기 내리는 비를 만났다. 우산을 살 돈으로
커피를 한잔 하자고 생각했다. 비 오는 밤 힘들게 찾아간 골
목 끝에는 까만색 건물의 커피 미미가 노랗게 빛나고 있었다.

1층에서 오늘의 커피를 주문하고 2층에 자리를 잡았다. 비가
오는 날이라 그랬는지 커피 향이 더 진하게 퍼졌다. 조용한
음악, 너무 밝지도 그렇다고 어둡지도 않은 조명이 마음에 꼭
들었다. 갈 때마다 '오늘의 커피'를 마셨다. 성지은 대표가 그
날 날씨와 어울리는 원두를 선택했으리라 믿고 마신다.

그는 직접 만들 수 있는 것은 다 직접 만든다. 이런 고집은 그
골목에서 '돌집'이라는 음식점을 하는 어머니와 닮았다. 내
가족이 먹는 것이라 생각하고 누가 지켜보지 않아도 최선을
다하는 점 말이다. 손님들에게 굳이 모녀간이라고 밝혀본 적
은 없단다. 하지만 이 골목에 자주 오면 왠지 모르게 두 집의
분위기가 비슷하다는 생각이 든다. 시럽은 유기농 설탕을 이
용해 만든다.

아늑한 나만의 공간이 있는 커피 미미에서 커피 한잔 하면 따
뜻해지는 저녁이다.

카페 조말순

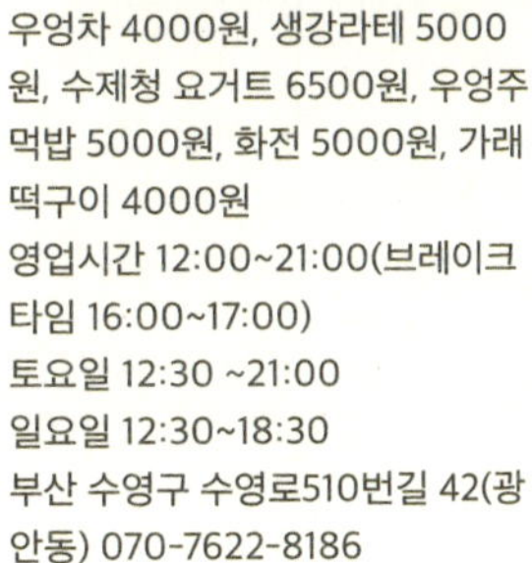

우엉차 4000원, 생강라테 5000원, 수제청 요거트 6500원, 우엉주먹밥 5000원, 화전 5000원, 가래떡구이 4000원
영업시간 12:00~21:00(브레이크타임 16:00~17:00)
토요일 12:30 ~21:00
일요일 12:30~18:30
부산 수영구 수영로510번길 42(광안동) 070-7622-8186

'카페 조말순'으로 찾아가는 길은 정겹다. 이곳을 소개하는 글 중에 '섬처럼 떠 있는 곳'이라는 표현이 있는데 적절한 비유라는 생각이 들었다.

우리 뒤에 다음 손님이 들어왔다. 개방된 구조의 주방이라 무엇을 하고 있는지 다 보인다. 그래서 나중에 온 손님은 주문을 재촉하지 않는다.

따뜻한 우엉차와 함께 주먹밥이 나왔다. 잘게 자른 우엉과 버섯, 유부가 들었다. 담백한 우엉차와 방금 만들어 낸 주먹밥까지 모든 것이 따뜻해서 좋다. 곧 예쁜 꽃잎이 올라간 화전과 요거트, 에이드가 나왔다.

따뜻한 우엉차는 천으로 직접 만든 티백이 사용된다. 그 끝에는 영문 조말순의 영어 이니셜인 'J' 모양이 달렸다. 유리컵은 뜨겁지 않도록 리넨으로 만든 리본으로 묶었다. 작은 것 하나에도 정성을 들여 대접받는 기분이 좋다.

김지나 대표가 카페를 열기 전 주얼리 디자이너였다는 이야기를 들으니 고개가 끄덕여졌다. 김 대표는 서울에서 일하다가 잠시 쉬려고 고향인 부산에 내려왔다. 어머니와 함께 과일청과 양갱을 만들어 프리마켓에서 판매했는데 인기가 있었다. 그렇게 프리마켓에서 조금씩 이름을 알리다가 카페를 열었다.

조말순은 김 대표의 어머니 이름이다. 처음에는 당신의 이름이 촌스러워 부끄럽다며 사용하지 말라고 했다. 하지만 지금은 재미있다고 좋아한단다.

카페 모멘트

리코타치즈샐러드 1만1000원,
치킨머쉬룸샌드위치 9000원,
감자 수프 6000원, 생과일 주스
5000원, 아메리카노 3000원
영업시간 11:00~23:00(토, 일요일
~19:00)
부산 수영구 광남로59 2층(남천동)
051-462-9898

찾아오는 손님 모두에게 맛있는 요리로 지금을 가장 행복한 순간으로 만들어주고 싶다는 욕심을 가진 가게가 있다. 김한솔 대표가 운영하는 'cafe moment'다.

치킨머쉬룸샌드위치와 한정판이라는 감자 수프를 시켰다. 감자 수프는 작은 가게라 소량의 생크림을 구해서 만들다 보니 저절로 한정판이 되었다. 아침에 직접 구운 빵, 직접 만든 소스를 사용한다고 해서 기대가 되었다. 모양이 특별하지는 않다. 하지만 한입 먹는 순간 머릿속에 큰 느낌표가 그려졌다. 수프에는 빵이 반 개 정도 함께 나왔다. 한 끼 식사 대용으로도 손색이 없다. 생크림을 사용해 부드러우면서도 깊은 맛이 났다. 좋은 재료로 건강을 생각하며 만들었다는데 맛까지 있다.

김 대표는 서울 남자다. 대학에서 요리와 관련한 전공을 하고 레스토랑, 호텔베이커리에서 10년 정도 경력을 쌓았다. 예전에 부산의 한 레스토랑에서 잠깐 일하다 좋은 추억을 가지고 부산을 떠났다. 서울에서도 남쪽에 대한 동경은 계속되었다. 가게를 차리고 싶자 장소는 고민 없이 부산행이었다. 그는 아침에 가게 문을 열면 제일 먼저 그날 쓸 빵을 굽는다. 그 사이 채소를 다듬고 재료를 준비하며 설레는 마음으로 손님을 기다린다.

지금 이 순간을 조금 더 행복하게 만들어줄 카페 모멘트로 가보자.

브런치 카페 이안

카프레제 크레페 1만4000원,
과일 팬케익 9500원, 자몽에이드
6000원
영업시간 10:00~21:00(브레이크
타임 15:00~17:00)
부산 수영구 남천바다로22번길
28(남천동) 051-628-5791

바다를 보며 와플을 먹을 수 있었던 광안리 최초의 브런치 카페 이안이 사라졌다. 단골들은 이 카페의 행방을 궁금해했는데, 2011년 주택을 개조한 편안한 분위기의 카페 이안이 남천동에 다시 생겼다.

카페 이름은 하이안 대표의 이름을 따와서 지었다. 오랫동안 많은 단골의 사랑을 받는 비결이 궁금했다. 하 대표는 "남는 게 없는 게 비결 아니겠느냐"고 반문한다. 쉽게 이야기하면 재료를 아끼지 않는 것이다. 신선도 떨어지는 재료는 과감히 버린다. 내가 먹어서 맛있다 생각하는 것을 만들고 내어놓았더니 손님들도 좋아한다.

메뉴는 3개월에 한 번씩 바뀐다. 예전 메뉴를 먹으려고 왔다가 실망하는 손님도 있지만 3개월 이상 같은 메뉴라면 만드는 사람도 먹는 사람도 지겹다. 영화나 드라마를 보다가 맛있어 보이는 메뉴가 나오면 메모해두었다가 개발한다.

하 대표는 유치원 선생님이었단다. 적성과 잘 맞지 않아 어학연수를 떠난 캐나다에서 브런치를 만났다. 예전에 가르쳤던 유치원생이 단골이 되어 가게에 찾아온다니 세상 참 재미있지 않은가.

다른 건 몰라도 라테의 부드러운 맛을 좌우하는 거품은 장인 정신으로 직접 만든다. 촉촉한 크레페는 시간이 지나도 폭신함이 유지된다. 말린 토마토와 바질페스토 소스가 모차렐라와 잘 어울린다. 같이 시킨 팬케이크와 계절 과일도 맛있다. 자몽주스의 자몽청도 직접 제작한다. 모든 메뉴가 양이 넉넉해 마음도 넉넉해진다.

어바웃제이

체리 베리 쇼콜라 6000원, 캐러멜 너츠 5500원, 티라미수 6000원, 레몬파이 6000원, 아메리카노 4000원, 홍차 6000원
영업시간 12:00~21:00(월요일 휴무)
부산 수영구 수영로408번길 29(남천동) 051-991-7620

'어바웃제이(about J)'의 쇼케이스에는 예쁜 케이크가 가득하다. 무엇을 먹을지 이미 마음을 정하고 왔는데 마음이 흔들린다. 김태정 대표는 서면에서 '카페 드 베르'라는 가게를 3년 넘게 운영하다 더 맛있는 케이크를 만들고 싶다는 생각이 들어 다시 공부를 했다.

'정이가 만드는 케이크 가게'라는 뜻으로 어바웃제이라고 이름을 짓고 새롭게 문을 열었다. 간판에는 '홈메이드 디저트, 2011년부터'라고 적혀 있다.

이전 가게에서부터 인기 메뉴였던 레몬 파이와 따뜻한 커피를 주문했다. 레몬파이는 상큼한 레몬 향이 입안을 적신다. 크림은 부드럽고 달콤하다. 겹겹이 쌓여 바삭거리는 파이는 입안을 즐겁게 한다. 우울했던 기분이 금세 레몬처럼 상큼해졌다. 고소한 커피는 케이크와 잘 어울린다.

눈 녹듯이 사라진 레몬 파이가 아쉬워서 체리 베리 쇼콜라를 하나 더 먹기로 했다. 케이크 위에는 생크림을 올리고, 큼직한 체리가 장식되어 나왔다. 진한 초콜릿 맛이 난다. 케이크 속에는 또 체리가 들어 감동이다.

기성품으로 대체할 수 있는 부분도 직접 만든다. 시간이 오래 걸리고 힘도 들지만 손님의 믿음을 저버리고 싶지 않아서다. 방부제, 유화제, 첨가물은 들어 있지 않다.

초콜릿 플라워

마카롱 2300원, 레드벨벳 케이크 5500원, 헤이즐넛 밀크 초콜릿 10g 2000원
영업시간 12:00~23:00(일요일 12:00~21:00)
부산 금정구 장전온천천로 93(장전동) 051-626-2314

'달콤 쌉싸름한 초콜릿'이라는 영화 제목처럼 달콤하면서도 향긋하고 예쁜 카페가 있다. 카페 '초콜릿 플라워'는 2008년 경성대 근처 작은 골목에서 시작했다. 지금의 자리로 옮긴 것은 재작년 9월. 도시철도 부산대역 3번 출구로 나와 온천천을 따라 잠시 걸으면 초콜릿색으로 칠해진 '초콜릿 플라워' 건물이 보인다.

자매인 김윤정 · 김현주 씨가 공동 대표로 언니인 윤정 씨는 초콜릿, 현주 씨는 꽃과 커피를 담당한다.

커피와 초콜릿을 주문하고 정원이 보이는 1층 창가에 앉았다. 우선 초콜릿을 입안에 넣고 녹이다가 따뜻한 커피 한 모금을 넘겼다. 달콤한 초콜릿을 쌉싸름한 커피가 감싸며 둘은 사랑에 빠진다.

윤정 씨는 하고 싶은 일이 있으면 끈질기게 도전하는 편이다. 초콜릿을 만들고 싶어 연고도 없는 오사카의 초콜릿 가게에서 허드렛일과 청소부터 시작했다. 유럽에서 학교에 다니느라 어렵게 모은 돈을 다 쓰기도 했다. 시간이 걸려도 천천히 진짜를 만들고 싶단다.

1층 플라워 숍에서 '꽃 동생'이 사랑 고백에 쓰일 꽃다발을 열심히 만들고 있다. 그 모습만 보고 있어도 행복해진다.

해가 지려고 할 때 초콜릿 플라워의 매력은 더욱 빛이 난다. 조명 덕분에 건물이 둥실 하고 강물 위에 떠 있는 것 같다.

카페 쏜(cafesson)

레몬 삼겹살 샐러드 120g 1만2000
원, 아낌 없이 주는 김치+아메리카
노 1만2000원, 나물 파스타+아메
리카노 1만5000원
영업시간 10:00~17:30
부산 금정구 금샘로 331(구서동)
051-918-1777

작은 파티를 열고 싶어 찾다가 발견한 곳이 '카페 쏜'이다. 도
시철도 구서역에서 내려 언덕길을 걸어 올라가니 '카페 쏜'이
나타난다.

카페 문을 열고 들어서자 가게 안은 따뜻한 오후 햇살이 가득
했다. 작은 소품과 화분으로 아기자기하게 꾸며져 친구 집에
놀러 온 듯 편안한 기분이 든다.

'레몬 삼겹살 샐러드'와 '나물 파스타'를 골랐더니 손미라 대
표가 직접 요리를 한다. 삼겹살 냄새에 침이 가득 고였는데
다행히 나물 파스타에 포함된 아메리카노가 먼저 나왔다.

레몬 삼겹살 샐러드는 잘 구워진 삼겹살 위에 새콤달콤한 소
스가 올려져 있다. 채소와 버섯이 서로 잘 어울린다. 한 끼 식
사로도 좋지만 속에선 와인이나 맥주 생각이 났다.

나물 파스타에는 고사리가 들었다. 어떻게 이렇게 맛있을까.
오미자 특제 간장이 들어 있단다. 파스타에 나물이라니 아이
디어가 신선하다. 꼭 퓨전 한식 같다.

손 대표는 친구 덕분에 만들게 되었다고 털어놓았다. 친구가
놀러 와 맛있는 음식을 대접하고 싶었는데 명절이라 나물로
만들어본 것이라고 했다. 요리에 들어가는 간장, 레몬청, 오미
자, 매실청은 그의 어머니가 직접 만든다. 든든한 지원군이 있
으니 언제나 자신감이 넘친다. 파티, 전시회 기획도 한다. 재
미있는 일이 없는지 지금도 고민 중이다.

카페안즈

아메리카노 3000원, 시리얼 요거
트 스무디(오레오 추가) 3000원,
주먹밥 1000원
쇠고기버섯파니니 9000원
영업시간 월~금 8:00~21:10,
토 10:00~15:00(4, 5주 토요일, 일
요일 휴무)
부산 금정구 체육공원로 19(두구동)
070-8899-0099

'카페안즈' 변근민 대표는 동래여고에 다녔던 사촌 동생 덕분에 이곳을 알게 되어 자리를 잡았다고 했다. 맛있다고 소문이 나고 가게를 확장하고 난 뒤 '카페안즈'로 이름을 바꾸었다.

같은 간판이 두 개 걸려 있고 출입문이 양쪽이라 어느 쪽으로 들어갈까 고민된다. 두 칸으로 구분된 공간으로 운영되는 같은 가게다.

브런치 메뉴로 쇠고기 파니니, 마늘버섯 크림 수프와 아메리카노를 시켰다. 쇠고기와 버섯, 치즈가 어울려 식감도 좋고 커피랑 먹으니 한 끼로 충분하다. 마늘 버섯크림수프도 직접 끓여 맛이 있다.

12시가 되면 온다는 3인방 선생님들이 가게 안으로 들어섰다. 점심시간이 되면서 조용했던 모습은 사라지고 활기 넘치는 카페로 변한다.

그런데 메뉴판이 복잡해 보일 정도로 다른 곳에 비해 메뉴가 많다. 변 대표는 "매일 오는 단골이 많아서 지겨울까 봐 조금씩 늘리다 보니 이렇게 되었다. 지금은 익숙해져서 모두 다 잘할 수 있다"며 자신 있게 말한다. 매일 먹어야 하기에 좋은 재료로 질리지 않는 음식을 만든다. 빵도 직접 굽고 주먹밥도 매일 만든다.

한 단골은 "집에서 직접 해 먹는 것 같아 좋다. 정성이 느껴진다"고 말한다. 점심시간이 지나고 나면 한가한 카페로 돌아온다. 저녁 시간 학생들이 매점으로 이용하기 전까지는.

테라로사

과테말라 란페리 5500원, 브라
질 해피 마운틴 5000원, 온두라
스 마리&모이 5500원, 아메리카노
5000원
영업시간 09:00~21:00
부산 수영구 구락로123번길 20(망
미동)

테라로사 가운데 전국 최대 규모인 '테라로사 부산'의 입구
에는 와이어 작품이 설치되어 있다. 와이어를 감았던 보빙
을 가져와 인테리어 소품으로 활용했다. 천장은 공장의 골
조를 그대로 살리고, 자연광이 들어오도록 디자인했다. 카
페 여러 곳에 커피 나무를 심어 이곳이 커피 공장임을 알 수
있게 했다.

2002년 강릉에서 테라로사를 시작한 김용덕 대표는 이 공간
과 처음 마주했을 때 "많은 사람의 열정, 숨결, 시간이 밴 곳이
고 여러 가지 의미가 있는 공간이라 숙연한 마음이 들었다"고
했다.

공장의 바닥을 뜯어내서 버리려고 한편에 쌓아 둔 철재로 테
이블을 제작했다. 몇십 년을 사용했던 것이고, 원래부터 이곳
에 있었으니 공간에 자연스럽게 녹아든다.

매장 내에는 각 산지의 원두가 특징별로 잘 정리되어 있다.
김 대표는 좋은 원두를 구하기 위해 전 세계 커피 농장을 직
접 찾아간다. 커피에 그의 마음을 담는 것이다. 아침마다 매장
에서 직접 구워내는 빵도 커피와 잘 어울리는 것으로 준비되
었다. 멋진 공간에서 마시는 커피는 감성이 담겨 마시는 동안
기분까지 좋게 만들어준다. 김 대표는 "그리움이 남는 공간을
만들고 싶다"고 했다. 바람을 느끼며 따뜻한 커피 한잔을 앞
에 놓고 오랫동안 앉아 있고 싶다.

신기산업

콜드브루커피 5500원, 콜드브루라테·흰여울길밀크티 6000원,
아이스아메리카노 5000원
영업시간 11:00~23:00
부산 영도구 와치로51번길 2(청학동) 070-8230-1116

영도 최고의 핫플레이스라는 '신기산업'. 뭐 이렇게 이상한 이름의 카페가 있을까. 5층 루프탑에서 내려다보는 원도심과 바다 풍경은 환상적이다. 이런 풍경이라면 굳이 마주 보고 앉을 필요도 없겠다. 난간 바로 앞에는 나지막한 캠핑 의자와 테이블을 한 줄로 놓았다. 야경이 궁금해졌다. 영업시간이 오후 11시까지인 것도 부산항 대교 경관조명 가동 시간에 맞췄다.

2~3층 카페 공간은 틀에 박힌 카페 개념을 탈피한 배치가 눈에 띈다. 앉을 수 있는 콘크리트 턱을 의자 높이로 길게 만들어 놓고 방석만 깔았다.

신기산업은 2002년 500만 달러 수출탑을 받는 등 해외 시장을 주 무대로 성장 가도를 달린 제조업체다. 공장을 인근으로 옮기며 창고로 쓰던 땅에 사옥을 짓기로 했다. 그런데 신기산업 이성민 대표의 동생 성광 씨가 카페를 해보고 싶다고 나섰다. 그는 국내에선 드물게 기린 길들이기에 성공할 정도로 유능한 에버랜드 조련사였다.

 원두는 지역 로스터리 숍인 RBH가 제안한 10여 가지 원두 가운데 이성광 대표가 선정했다. 과테말라와 인도네시아 커피를 절반씩 섞어 쌉쌀하고 묵직한 맛이다. 이 커피를 '해비메탈'이라는 신기산업의 시그니처 원두로 이름 붙였다.

얼그레이를 우유에 우려 냉장시킨 '흰여울길 밀크티'는 부드러우면서도 상큼한 맛이 났다. 앞으로 개발하는 음료에도 성격에 맞는 영도 지명을 붙일 생각이라니 기대가 된다.

명가 찻집

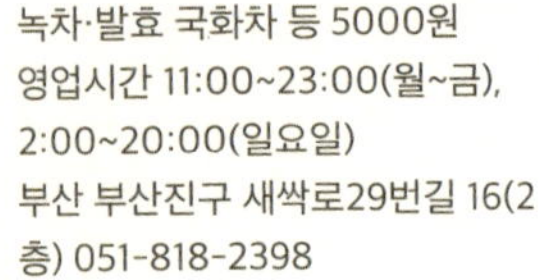

녹차·발효 국화차 등 5000원
영업시간 11:00~23:00(월~금),
2:00~20:00(일요일)
부산 부산진구 새싹로29번길 16(2
층) 051-818-2398

초록색 무심한 간판의 '명가 찻집'은 사무실이 있다고 해도 이상할 것이 없는 건물 2층에 자리 잡았다.

명가, 이름난 집이란 뜻인가? 가게 문을 열고 들어서면 오래된 시골집 같은 공간이 나타난다. 윤남조 대표는 8년 전부터 영광도서 뒤편에서 '명가은(茗家隱)'을 운영했다. 3년 전에 길가에서 보이는 지금의 자리로 옮겨 '은'자는 떼고 '명가'라고 했다. 숨은 찻집이 모습을 드러낸 셈이다.

윤 대표의 취미였던 골동품 수집 덕분에 오래된 물건이 주는 편안함이 있는 공간이 탄생했다. 큰 창문으로 들어오는 햇살이 가게 안을 환하게 비춘다. 날씨 좋은 날 대청마루에 앉아 있는 기분이 들었다. 커피전문점이라면 풍경이 잘 보이는 창가 자리를 선택했겠지만 이 집에 오면 아랫목이 있는 제일 안쪽 방으로 향하게 된다. 방 가운데에는 찻상을 대신한 500년 된 떡판이 자리를 잡았다. 좋은 다완을 내놓는 것만으로도 기분 좋은 대접이 시작된다.

오랫동안 사용한 듯한 다완이 나왔다. 같은 모양도 아닌 각각의 잔이 서로 잘 어울린다. 10년 이상 사용한 다완이라고 했다. 오래 어울려 같이 지내다 보니 은은하게 찻물이 들어 비슷한 느낌이 났다. 오랫동안 지내온 친구가 닮아가는 느낌이랄까. 차는 우리는 시간이 걸리기에 바로 마시는 커피보다 마음의 여유가 생긴다. 다도를 지키며 마시는 차도 좋지만 마음 맞는 사람과 함께 마시는 차가 제일 좋다. 편안한 대접을 받고 나오니 온몸에서 차 향이 난다

양지다방

아메리카노 4500원, 체리파운드 3000원
영업시간 13:00~20:00(휴무는 인스타그램으로 공지 www.instagram.com/sunshine_workroom, 토요일 휴무)
부산 부산진구 서전로46번길 10-7(전포동) 2층. NC백화점 뒤편 공구골목

'양지다방'을 찾아 '그야말로 옛날식' 건물의 층계를 올랐다. 하지만 유리창에는 '선샤인(SUNSHINE)'이라는 글자뿐. '선샤인'이라 쓰고 '양지다방'이라고 읽는 거였다. 다방 안에는 '나름대로 멋을 부린 마담'은 없다. 셀카 놀이에 열심인 젊은 여성 손님뿐. 망설이다 '이제 와 새삼 이 나이에…' 하면서 문을 열고 들어갔다.

깨끗한 느낌. 일본 영화나 드라마 속으로 불쑥 들어온 것 같다. 턴테이블과 LP판, 일력(日曆), 석유 스토브, 마을회관에서 누가 오기를 기다렸을 의자, 촌스러운 커튼…. 어제의 용사들을 여기로 소환한 사람이 누굴까. 김남준·이유라 부부는 서면에서 꽤 알려진 음식점을 했다. 장사는 잘되었지만 사람에 지쳐서 초심을 잃었단다. 음식점을 그만두고는 1년간 훌쩍 여행을 떠났다. 그리고 이렇게 돌아왔다.

영업시간이 짧은 이유를 물었다. "손님도 중요하고, 저희 생활도 중요해요. 저녁이 있는 삶을 살아보려고 합니다"라며 웃는다. 편하게 음악을 들으라고 동행도 세 명까지만 허용한다. 최백호가 부른 '낭만'과는 또 다른 '낭만'이 자꾸 여기로 부른다.

더 옴(The Om)

커피 4200~5200원, 생과일사총사 5500원, 더옴스페셜주스 6500원, 버블버블 스무디 6300원
영업시간 10:00~22:00(일요일 휴무)
부산시 수영구 광남로213번길 6(민락동) 1층 051-558-0734

카페 '더 옴'은 '이영애우리옷'의 대표 이영애 씨가 수영구 민락동에 꾸민 예쁜 복합문화공간의 일부다. 지하에는 갤러리와 작은 박물관까지 갖추었다. 천장 가까이에서부터 쏟아져 내리는 광선, 지하까지 시원하게 뚫린 개방감이 좋다. 지하 한쪽 벽면에는 할머니의 할머니 시절부터 자주 쓰던 안경집, 가위집, 바느질 도구함, 바늘꽂이, 복주머니 등이 정겹다. 갤러리 공간은 단체로 차를 마시거나 세미나 같은 모임을 하기에 괜찮아 보인다.

1층으로 올라오면 카페 '더 옴'이다. '자주 온나', '더 온나'라는 간단명료한 의미이다. 정직한 재료를 사용하는 수제 베이커리를 지향한다. 유기농 밀로 당일 만든 신선한 빵만 판매한다. 통통 튀는 메뉴가 먼저 눈길을 끈다. '치즈는 빵을 타고', '어여쁠 블루베리', '내 몸에 사과 있다'라는 식이다. 큰딸이자 '더 옴' 대표 엄민정 씨의 솜씨다.

복도나 화장실 어느 공간에도 그림과 꽃, 예술이 빠지지 않는다. 사실 이 건물에서 가장 마음에 들었던 곳은 3층 사랑방이다.

사랑방의 보료를 깔아둔 앉은뱅이 탁자에 마음을 빼앗겼다. 보료에 앉으니 왕이라도 된 것 같다. 모임이나 회의를 하기에 근사한 장소다. 5인 이상이면 커피만 시켜도 예약할 수 있다.

라벨라치타

아란치니 1만8000원, 목살 찹스테이크 2만5000원, 부르스게따 1만8000원
영업시간 11:30~22:00(주말 ~02:00)
부산 수영구 광남로94번길 6(광안동) 051-711-0010

광안리 바닷가에는 '아름다운 도시 라벨라치타(La Bella Citta)'가 있다. 라벨라치타는 레스토랑과 팝업 카페 두 개의 건물이 중앙 정원을 두고 연결되어 있다. 레스토랑 쪽을 선택하면 바다를 보면서 갈 수 있다. 카페 쪽을 선택하면 덩굴 식물로 꾸며진 길을 통과해 숲속으로 들어가는 기분을 느낄 수 있다.

정원 한가운데는 큰 오동나무가 중심을 잡고 있다. 건물 벽으로는 담쟁이덩굴이 올라가고, 계단 난간에는 능소화가 피었다. 초록이 가득한 작은 숲속에 들어와 있는 느낌이다.

정원 자리는 인기가 많아 자리 잡기가 어렵다. 리모델링을 하면서 바다와 정원을 잘 볼 수 있도록 방향을 정했다. 하지만 이렇게까지 좋아할 줄은 몰랐단다. 자리에 앉아 고개를 들어 보니 나뭇잎 사이로 하늘이 보인다. 라벨라치타에서는 정원 사진을 찍고 꽃을 보고 바람을 느끼는 게 일상이 되었다.

언제부터인가 여기서 산다는 새 한 마리가 아까부터 계속 지저귄다. 나무 위에는 그 새를 위한 새집도 매달아놓았다. 카페 2층 갤러리에서 전시가 있을 때는 작품도 감상할 수 있다.

주문한 메뉴의 이름이 길다. '고구마와 모차렐라로 속을 채운 매콤한 토마토소스의 아란치니', 어떤 음식인지 묻지 않아도 될 만큼 상세하다. 좀 여유를 가지라는 배려일 것이다. 공간이 넓다 보니 직원들이 자주 보이지 않는다. 그래서 둘만의 오붓한 시간을 즐기기에 좋다.